电网调度控制运行安全生产

百问百查读本

国家电力调度控制中心 组编

中国电力出版社
CHINA ELECTRIC POWER PRESS

内 容 提 要

本书以一问一答一查的形式给出综合安全、调度控制、调度计划、系统运行、水电及新能源、继电保护、自动化、设备监控管理八个专业的 225 项问题，全面涵盖了电网调度安全管理的工作内容，可作为各级电网调控人员进行电网调度安全培训的教材。

图书在版编目（CIP）数据

电网调度控制运行安全生产百问百查读本 / 国家电力调度控制中心组编. —北京：中国电力出版社，2017.3
 ISBN 978-7-5198-0327-8

 I. ①电⋯ II. ①国⋯ III. ①电力系统调度–安全管理–中国–问题解答 IV. ①TM73-44

 中国版本图书馆 CIP 数据核字（2017）第 016464 号

出版发行：中国电力出版社
地　　址：北京市东城区北京站西街 19 号（邮政编码 100005）
网　　址：http://www.cepp.sgcc.com.cn
责任编辑：刘丽平　liping-liu@.sgcc.com.cn　胡　晗
责任校对：马　宁
装帧设计：张俊霞　张　娟
责任印制：邹树群

印　　刷：航远印刷有限公司
版　　次：2017 年 3 月第一版
印　　次：2017 年 3 月北京第一次印刷
开　　本：880 毫米×1230 毫米　32 开本
印　　张：5
字　　数：92 千字
印　　数：00001—24000 册
定　　价：25.00 元

编 委 会

国调中心关于印发《电网调度控制运行安全生产百问百查读本（2016年版）》的通知

（调技〔2016〕157号）

各分部，各省（自治区、直辖市）电力公司：

为了夯实电网运行安全基础，深化电网调度安全培训管理，按照2016年调度控制重点工作任务安排，公司组织修编了《电网调度控制运行安全生产百问百查读本（2016年版）》，现予印发，请抓好学习贯彻落实。

国调中心（印）

2016年12月6日

目 录

一、综合安全专业

二、调度控制专业

三、调度计划专业

四、系统运行专业

五、水电及新能源专业

六、继 电 保 护 专 业

七、自动化专业

八、设备监控管理专业

电网调度控制运行安全生产百问百查读本

综合安全专业

1. 调控机构安全生产控制目标是什么？

答：《国家电网公司调控机构安全工作规定》（国网（调/4）338—2014）中规定：各级调控机构应以不发生人员责任的五级以上电网事件（事故）为基准，每年制定安全生产控制目标，省级以上调控机构安全生产目标至少应包含以下内容：

（1）不发生有人员责任的一般以上电网事故。

（2）不发生有人员责任的一般以上设备事故。

（3）不发生重伤以上人身事故。

（4）不发生五级以上信息系统事件。

（5）不发生调控生产场所火灾事故。

（6）不发生影响公司安全生产记录的其他事故。

省级以下调控机构应根据自身实际情况，参照省级以上调控机构的安全目标，每年制定本机构和各专业安全生产控制目标。

查：本调控机构文件。是否按照上级部门的要求组织开展安全生产有关活动，制定活动计划并实施；是否按时召开安全生产分析会；是否配备专职或兼职安全员，有明确的职责，并起到监督作用；是否能够及时对本单位安全事故、障碍、异常等进行分析，提出具体防范措施；是否有健全的岗位安全生产责任制并落实；是否有安全生产考核奖惩制度并落实；安全活动是否有针对性，记录是否齐全；应急机制建设及落实情况；应急预案和反事故演习情况；调控系统安全生产保障能力评估开展及整改情况；职工安全培训情况。

2. 调控机构安全生产保障能力评估的目的和评价内容是什么?

答:《国家电网公司省级以上调控机构安全生产保障能力评估办法》(国网(调/4)339—2014)中规定:安全生产保障能力评估是电网安全管理工作的重要组成部分,是发挥调控系统保证体系和监督体系作用的重要体现。其目的是实现对调控系统安全生产保障能力进行全面诊断和量化评价,使各级管理者和一线人员对调控系统安全状况有全面、客观的了解,为电网调控运行安全生产的决策提供依据。评价内容包括调控运行、设备监控、调度计划、水电及新能源、系统运行、继电保护、自动化、综合安全管理等专业。

查: 电网调控安全生产保障能力评估工作开展情况。是否按照评价标准进行工作任务分解、落实责任;是否制定安全生产保障能力评估的工作计划;是否有自查报告、专家查评和整改措施计划;整改措施计划落实情况等。

3. 调控机构组织签订安全责任书的基本要求是什么?

答:《国家电网公司调控机构安全工作规定》(国网(调/4)338—2014)中规定:调控机构应组织签订安全责任书,将安全责任细化落实到各层面、各专业、各岗位,确保安全责任到岗到人,充分发挥安全保证体系和安全监督体系的作用。安全责任书应按照两级安全生产控制目标要求,根据本岗位的安全职责制定,具有针对性、层次性,实行多层级控制。安全责任书期限为一年,一般应在一季度完成签订工作。人员岗位变动后,应重新签订。

查: 安全责任书是否签订,内容是否符合要求;人员岗位变动后，是否重新签订。

4. 节假日及特殊保电等时期专项安全检查内容有哪些？

答：《国家电网公司调控机构安全工作规定》（国网（调/4）338—2014）中规定，节假日及特殊保电等时期专项安全检查有如下内容：

（1）保电工作组织领导和工作制度执行情况。

（2）保电工作方案、事故处理预案、电网应急预案及备调运行管理情况。

（3）值班人员对节日方式和保电预案的熟悉程度，继电保护故障录波联通情况，自动化调度技术支持系统（含SCADA、AGC、AVC、WAMS和在线分析应用）维护和管理，运行系统、设备和参数是否完好，电源系统、空调、消防设施、办公场所、值班安排是否正常等。

（4）组织协调下级调控机构和运行单位保电工作进展情况。

查：建立重大活动保电制度及协调机制情况；执行重大活动保电任务时，是否按照公司对重大活动保电工作的要求，制定保电工作方案、事故处理预案和电网应急预案，对涉及的保电客户采取的服务措施；重大活动保电任务完成情况。

5. 调控机构日常安全监督的主要内容有哪些？

答：《国家电网公司调控机构安全工作规定》（国网（调/4）338—2014）中规定，调控机构日常安全监督的主要内容如下：

（1）调度控制操作票、调度电话录音、调控值班日志、在线安全风险分析执行情况。

（2）电网日前停电检修工作票、电网日前计划执行情况。

（3）新设备投产调试方案、电网稳定措施通知单执行情况。

（4）继电保护定值整定计算方案和继电保护定值整定单执行情况。

（5）自动化系统及设备检修工作票，自动化值班日志及自动化运行消缺值班记录执行情况。

（6）设备监控信息接入及问题处置执行情况。

（7）隐患排查及治理情况。

（8）机房环境、电源及消防设施等情况。

查：调控机构日常安全监督的开展情况是否符合要求。

6. 调控机构新入职人员安全教育的要求是什么？

答：《国家电网公司调控机构安全工作规定》（国网（调/4）338—2014）中规定：调控机构新入职人员必须经处（科）安全教育、中心安全培训并经考试合格后方可进入专业处（科）开展工作，安全教育培训的主要内容应包括电力安全生产法律法规、技术标准、规章制度及调控机构制定的安全生产相关工作要求。

查：调控机构新入职人员安全教育培训计划、考试等工作是否符合要求。

7.《国家电网公司安全工作规定》中企业安全生产应遵循的原则是什么？

答：《国家电网公司安全工作规定》（国网（安监/2）406—2014）中规定：公司各级单位应贯彻"谁主管谁负责、管业务必须管安全"的原则，做到计划、布置、检查、总结、考核业务工作的同时，计划、布置、检查、总结、考核安全工作。

查：安全生产原则是否清楚；各单位安全生产原则的遵循情况，安全工作与生产工作是否做到"五同时"。

8.《国家电网公司安全工作规定》中对规程制度复查、修订的周期是怎样规定的？

答：《国家电网公司安全工作规定》（国网（安监/2）406—2014）中规定：公司所属各级单位应及时修订、复查现场规程，现场规程的补充或修订应严格履行审批程序。

（1）当上级颁发新的规程和反事故技术措施、设备系统变动、本单位事故防范措施需要时，应及时对现场规程进行补充或对有关条文进行修订，书面通知有关人员。

（2）每年应对现场规程进行一次复查、修订，并书面通知有关人员；不需修订的，也应出具经复查人、审核人、批准人签名的"可以继续执行"的书面文件，并通知有关人员。

（3）现场规程宜每 3～5 年进行一次全面修订、审定并印发。

查：有关规程、规定、制度是否按照要求补充和修订，包括调度运行规程、继电保护运行规程、电网安全稳定运行规程、规章制度等。

9.《国家电网公司安全工作规定》中对安全检查的要求是什么？

答：《国家电网公司安全工作规定》（国网（安监/2）406—

2014）中规定：公司各级单位应定期和不定期进行安全检查，组织进行春季、秋季等季节性安全检查，组织开展各类专项安全检查。安全检查前应编制检查提纲或安全检查表，经分管领导审批后执行。对查出的问题要制定整改计划并监督落实。

查：安全检查的开展情况；常规（季节性）安全检查和专项安全检查（督查）的组织、落实等环节是否闭环。

10. 反事故措施计划的编制依据是什么？

答：《国家电网公司安全工作规定》（国网（安监/2）406—2014）中规定，反事故措施计划应根据上级颁发的反事故技术措施、需要治理的事故隐患、需要消除的重大缺陷、提高设备可靠性的技术改进措施以及本单位事故防范对策进行编制。反事故措施计划应纳入检修、技改计划。

安全性评价结果、事故隐患排查结果应作为制定反事故措施计划和安全技术劳动保护措施计划的重要依据。防汛、抗震、防台风、防雨雪冰冻灾害等应急预案所需项目，可作为制定和修订反事故措施计划的依据。

查：各级调度系统反事故措施计划执行情况；反事故措施计划编制是否规范、内容是否充实、针对性是否很强；反事故措施计划执行是否到位。

11. 并网调度协议中必须明确的内容有哪些？

答：《国家电网公司安全工作规定》（国网（安监/2）406—2014）中规定，公司所属各级单位应与并网运行的发电企业（包括电力用户的自备电源和分布式电源）签订并网调度协议，在并网调度协议中至少明确以下内容：

（1）在保证电网安全稳定、电能质量方面双方应承担的责任。

（2）为保证电网安全稳定、电能质量所必须满足的技术条件。

（3）为保证电网安全稳定、电能质量应遵守的运行管理、检修管理、技术管理、技术监督等规章制度。

（4）并网电厂应开展并网安全性评价工作，达到所在电网规定的并网必备条件和评分标准要求。

（5）并网电厂应参加电网企业组织的保证电网安全稳定、电能质量的联合反事故演习。

（6）发生影响到对方的电网、设备安全稳定运行、电能质量的事故（事件），应为对方提供有关事故调查所需的数据资料以及事故时的运行状态。

（7）电网企业对并网发电企业以保证电网安全稳定、电能质量为目的的安全监督内容。

查：并网调度协议的内容是否符合要求。

12. 违章按照性质分为几类？按照后果分为几类？

答：《国家电网公司安全生产反违章工作管理办法》（国网（安监/3）156—2014）第六条规定：违章按照性质分为管理违章、行为违章和装置违章三类；按照违章后果分为严重违章和一般违章。

查：违章的分类是否清楚，有无因概念模糊造成制定的反违章措施千篇一律、考核标准和考核对象针对性差的现象。

13. 什么是管理违章？

答：《国家电网公司安全生产反违章工作管理办法》（国网（安监/3）156—2014）中规定：管理违章是指各级领导、管理人员不履行岗位安全职责，不落实安全管理要求，不健全安全规章制度，不执行安全规章制度等的各种不安全作为。

查：违章的概念是否清楚，对违章的分类及划分依据是否熟练掌握。

14. 什么是行为违章？

答：《国家电网公司安全生产反违章工作管理办法》（国网（安监/3）156—2014）中规定：行为违章是指现场作业人员在电力建设、运行、检修、营销服务等生产活动过程中，违反保证安全的规程、规定、制度、反事故措施等的不安全行为。

查：违章的概念是否清楚，对违章的分类及划分依据是否熟练掌握。

15. 什么是装置违章？

答：《国家电网公司安全生产反违章工作管理办法》（国网（安监/3）156—2014）中规定：装置违章是指生产设备、设施、环境和作业使用的工器具及安全防护用品不满足规程、规定、标准、反事故措施等的要求，不能可靠保证人身、电网和设备安全的不安全状态和环境的不安全因素。

查：违章的概念是否清楚，对违章的分类及划分依据是否熟练掌握。

16.《国家电网公司安全事故调查规程》中对人身、电网、设备和信息系统四类事故分为哪些等级？

答：《国家电网公司安全事故调查规程》（国家电网安监〔2011〕2024号）中对人身事故分为以下等级：特别重大人身事故（一级人身事件）、重大人身事故（二级人身事件）、较大人身事故（三级人身事件）、一般人身事故（四级人身事件）、五级人身事件、六级人身事件、七级人身事件、八级人身事件。

对电网事故分为以下等级：特别重大电网事故（一级电网事件）、重大电网事故（二级电网事件）、较大电网事故（三级电网事件）、一般电网事故（四级电网事件）、五级电网事件、六级电网事件、七级电网事件、八级电网事件。

对设备事故分为以下等级：特别重大设备事故（一级设备事件）、重大设备事故（二级设备事件）、较大设备事故（三级设备事件）、一般设备事故（四级设备事件）、五级设备事件、六级设备事件、七级设备事件、八级设备事件。

对信息系统事件分为以下等级：五级信息系统事件、六级信息系统事件、七级信息系统事件、八级信息系统事件。

查：《国家电网公司安全事故调查规程》电力安全事故等级划分标准学习、掌握、执行情况。

17. 什么是五级电网事件？

答：《国家电网公司安全事故调查规程》（国家电网安监〔2011〕2024号）中将以下事件定为五级电网事件：

（1）造成电网减供负荷100MW以上者。

（2）220kV以上电网非正常解列成3片以上，其中至少有 3 片每片内解列前发电出力和供电负荷超过 100MW。

（3）220kV 以上系统中，并列运行的两个或几个电源间的局部电网或全网引起振荡，且振荡超过一个周期（功角超过 360°），不论时间长短，或是否拉入同步。

（4）变电站内 220kV 以上任一电压等级母线非计划全停。

（5）220kV 以上系统中，一次事件造成同一变电站内两台以上主变压器跳闸。

（6）500kV 以上系统中，一次事件造成同一输电断面两回以上线路同时停运。

（7）±400kV 以上直流输电系统双极闭锁或多回路同时换相失败。

（8）500kV 以上系统中，开关失灵、继电保护或自动装置不正确动作致使越级跳闸。

（9）电网电能质量降低，造成下列后果之一者：

1）频率偏差超出以下数值：在装机容量 3000MW 以上电网，频率偏差超出 50±0.2Hz，延续时间 30min 以上；在装机容量 3000MW 以下电网，频率偏差超出 50±0.5Hz，延续时间 30min 以上。

2）500kV 以上电压监视控制点电压偏差超出±5%，延续时间超过 1h。

（10）一次事件风电机组脱网容量 500MW 以上。

（11）装机总容量 1000MW 以上的发电厂因安全故障造成全厂对外停电。

（12）地市级以上地方人民政府有关部门确定的特级或一级重要电力用户电网侧供电全部中断。

查：《国家电网公司安全事故调查规程》中五级电网事件划分标准的学习、掌握、执行情况。

18. 什么是五级设备事件？

答：《国家电网公司安全事故调查规程》（国家电网安监〔2011〕2024 号）中将以下事件定为五级设备事件：

（1）造成 50 万元以上 100 万元以下直接经济损失者。

（2）输变电设备损坏，出现下列情况之一者：① 220kV 以上主变压器、换流变压器、高压电抗器、平波电抗器发生本体爆炸、主绝缘击穿。② 500kV 以上断路器发生套管、灭弧室或支柱瓷套爆裂。③ 220kV 以上主变压器、换流变压器、高压电抗器、平波电抗器、换流器（换流阀本体及阀控设备，下同）、组合电器（GIS），500kV 以上断路器等损坏，14 天内不能修复或修复后不能达到原铭牌出力；或虽然在 14 天内恢复运行，但自事故发生日起 3 个月内该设备非计划停运累计时间达 14 天以上。④ 500kV 以上电力电缆主绝缘击穿或电缆头损坏。⑤ 500kV 以上输电线路倒塔。⑥ 装机容量 600MW 以上发电厂或 500kV 以上变电站的厂（站）用直流全部失电。

（3）10kV 以上电气设备发生下列恶性电气误操作：带负荷误拉（合）隔离开关、带电挂（合）接地线（接地开关）、带接地线（接地开关）合断路器（隔离开关）。

（4）主要发电设备和 35kV 以上输变电主设备异常运行已达到现场规程规定的紧急停运条件而未停止运行。

（5）发电厂出现下列情况之一者：① 因安全故障造成

发电厂一次减少出力 1200MW 以上。② 100MW 以上机组的锅炉、发电机组损坏，14 天内不能修复或修复后不能达到原铭牌出力；或虽然在 14 天内恢复运行，但自事故发生日起 3 个月内该设备非计划停运累计时间达 14 天以上。③ 水电厂（抽水蓄能电站）大坝漫坝、水淹厂房或火电厂灰坝垮坝。④ 水电机组飞逸。⑤ 水库库盆、输水道等出现较大缺陷，并导致非计划放空处理；或由于单位自身原因引起水库异常超汛限水位运行。⑥ 风电场一次减少出力 200MW 以上。

（6）通信系统出现下列情况之一者：① 国家电力调度控制中心与直接调度范围内超过 30%的厂站通信业务全部中断；② 电力线路上的通信光缆因故障中断，且造成省级以上电力调度控制中心与超过 10%直调厂站的调度电话、调度数据网业务全部中断；③ 省电力公司级以上单位本部通信站通信业务全部中断。

（7）国家电力调度控制中心或国家电网调控分中心、省电力调度控制中心调度自动化系统 SCADA 功能全部丧失 8h 以上，或延误送电、影响事故处理。

（8）由于施工不当或跨越线路倒塔、断线等原因造成高铁停运或其他单位财产损失 50 万元以上者。

（9）火工品、剧毒化学品、放射品丢失；或因泄漏导致环境污染造成重大影响者。

（10）主要建筑物垮塌。

（11）大型起重机械主要受力结构或机构发生严重变形或失效；飞行器坠落（不涉及人员）；运输机械、牵张机械、大型基础施工机械主要受力结构件发生断裂。

查：《国家电网公司安全事故调查规程》中五级设备事件划分标准的学习、掌握、执行情况。

19. 什么是五级信息系统事件？

答：《国家电网公司安全事故调查规程》（国家电网安监〔2011〕2024 号）中将以下事件定为五级信息系统事件：

（1）因信息系统原因导致涉及国家秘密信息外泄；或信息系统数据遭恶意篡改，对公司生产经营产生重大影响。

（2）营销、财务、电力市场交易、安全生产管理等重要业务应用 3 天以上数据完全丢失，且不可恢复。

（3）公司各单位本地信息网络完全瘫痪，且影响时间超过 8h（一个工作日）。

（4）公司总部与分部、省电力公司、国家电网公司直属公司网络中断或省电力公司（国家电网公司直属公司）与各下属单位网络中断，影响范围达 80%，且影响时间超过 12h；或影响范围达 40%，且影响时间超过 24h。

（5）一类业务应用服务完全中断，影响时间超过 8h；或二类业务应用服务中断，影响时间超过 24h；或三类业务应用服务中断，影响时间超过 2 个工作日。

（6）全部信息系统与公司总部纵向贯通中断，影响时间超过 12h。

（7）国家电网公司直属公司其他核心业务应用服务中断，影响时间超过 2 个工作日。

查：《国家电网公司安全事故调查规程》中五级信息系统事件划分标准学习、掌握、执行情况。

20.《国家电网公司安全事故调查规程》和《国家电网公司安全工作奖惩规定》中有哪些免责条款？

答：《国家电网公司安全事故调查规程》（国家电网安监〔2011〕2024 号）中有以下免责条款：

（1）因暴风、雷击、地震、洪水、泥石流等自然灾害超过设计标准承受能力和人力不可抗拒而发生的电网、设备和信息系统事故。

（2）为了抢救人员生命而紧急停止设备运行构成的事故。

（3）示范试验项目以及事先经过上级管理部门批准进行的科学技术实验项目，由于非人员过失所造成的事故。

（4）非人员责任引起的直流输电系统单极闭锁。

（5）新投产设备（包括成套性继电保护及安全自动装置）一年以内发生由于设计、制造、施工安装、调试、集中检修等单位负主要责任造成的五至七级电网和设备事件。

（6）地形复杂地区夜间无法巡线的 35kV 以上输电线路或不能及时得到批准开挖检修的城网地下电缆，停运后未引起对用户少送电或电网限电，停运时间不超过 72h 者。

（7）发电机组因电网安全运行需要设置的安全自动切机装置，由于电网原因造成的自动切机装置动作，使机组被迫停机构成事故者。若切机后由于人员处理不当或设备本身故障构成事故条件的，仍应中断安全记录。

（8）电网因安全自动装置正确动作或调度运行人员按事故处理预案进行处理的非人员责任的电网失去稳定事故。若由于人员处理不当或设备本身故障构成事故者，仍应中断安全记录。

（9）不可预见或无法事先防止的外力破坏事故。

（10）无法采取预防措施的户外小动物引起的事故。

（11）公司系统内产权与运行管理相分离，发生五级及以下电网和设备事件且运行管理单位没有责任者。

（12）发生公司系统内其他单位负同等责任以上的七级电网、设备和信息系统事件，运行管理单位负同等责任以下者，不中断其安全记录。

《国家电网公司安全工作奖惩规定》（国网（安监/3）480—2015）中规定，考核事故不包括因雨雪冰冻、暴风雪、洪水、地震、泥石流等自然灾害超过设计标准承受能力和因不可抗力发生的事故。

查：《国家电网公司安全工作奖惩规定》和《国家电网公司安全事故调查规程》的学习、掌握、执行情况。

21.《国家电网公司安全事故调查规程》中对于主要责任、同等责任、次要责任是如何定义的？

答：《国家电网公司安全事故调查规程》（国家电网安监〔2011〕2024 号）中对事故的责任归类如下：

（1）主要责任，事故发生或扩大主要由一个主体承担责任者。

（2）同等责任，事故发生或扩大由多个主体共同承担责任者。

（3）次要责任，承担事故发生或扩大次要原因的责任者，包括一定责任和连带责任。

查：对《国家电网公司安全事故调查规程》关于事故归类统计标准的学习、掌握、执行情况。

22. 生产安全事故处理"四不放过"的内容是什么？

答：《国家电网公司安全事故调查规程》（国家电网安监〔2011〕2024号）中规定，生产安全事故处理"四不放过"的内容是：事故原因未查清不放过，责任人员未处理不放过，整改措施未落实不放过，有关人员未受到教育不放过。

查："四不放过"原则的执行情况。

23.《国家电网公司安全工作奖惩规定》中对于发生五级事件（人身、电网、设备、信息系统）是如何处罚的？

答：《国家电网公司安全工作奖惩规定》（国网（安监/3）480—2015）中规定，公司所属各级单位发生五级事件（人身、电网、设备、信息系统），按以下规定处罚：

（1）对主要责任者所在单位二级机构负责人给予通报批评。

（2）对主要责任者给予警告至记过处分。

（3）对同等责任者给予通报批评或警告至记过处分。

（4）对次要责任者给予通报批评或警告处分。

（5）对事故责任单位（基层单位）有关领导及上述有关责任人员给予3000～5000元的经济处罚。

查：对《国家电网公司安全工作奖惩规定》关于处罚规定的学习、掌握、执行情况。

24. 事故调查的责任主体是如何界定的？

答：《电力安全事故应急处置和调查处理条例》（国务院令第599号）中规定，特别重大事故由国务院或者国务院授权的部门组织事故调查组进行调查。重大事故由国务院电力监管机构组织事故调查组进行调查。较大事故、一般事故由事故发生地电力监管机构组织事故调查组进行调查。国务院电力监管机构认为必要的，可以组织事故调查组对较大事故进行调查。未造成供电用户停电的一般事故，事故发生地电力监管机构也可以委托事故发生单位调查处理。

查：是否知晓事故调查的责任主体，事故调查时的责任主体是否符合规定。

25. 事故报告应包括哪些内容？

答：《电力安全事故应急处置和调查处理条例》(国务院令第 599 号）中规定，事故报告应包括下列内容：

（1）事故发生的时间、地点（区域）以及事故发生单位。

（2）已知的电力设备、设施损坏情况，停运的发电（供热）机组数量、电网减供负荷或者发电厂减少出力的数值、停电（停热）范围。

（3）事故原因的初步判断。

（4）事故发生后采取的措施、电网运行方式、发电机组运行状况以及事故控制情况。

（5）其他应当报告的情况。

事故报告后出现新情况的，应当及时补报。

查：事故报告制度是否完善；事故报告内容是否准确；事故发生后采取的措施、电网运行方式、发电机组运行状况以及事故控制是否有效；出现新情况是否及时补报。

26. 电力安全事故的定义是什么？

答：《电力安全事故应急处置和调查处理条例》(国务院

令第 599 号）中将电力安全事故定义为电力生产或者电网运行过程中发生的影响电力系统安全稳定运行或者影响电力正常供应的事故（包括热电厂发生的影响热力正常供应的事故）。

查：电网安全运行各类预案是否完备，运行人员是否熟练掌握；是否有针对性地开展电网反事故演习，积极有效地控制事故的发生；认真排查事故隐患，对查出的问题是否制定相应的整改措施。

27.《电力安全事故应急处置和调查处理条例》中划分事故等级的依据是什么？

答：《电力安全事故应急处置和调查处理条例》（国务院令第 599 号）中规定，根据电力安全事故影响电力系统安全稳定运行或者影响电力（热力）正常供应的程度，分为特别重大事故、重大事故、较大事故和一般事故 4 种。

查：《电力安全事故应急处置和调查处理条例》学习、掌握情况。

28.《电力安全事故应急处置和调查处理条例》中特别重大事故的划分标准是什么？

答：《电力安全事故应急处置和调查处理条例》（国务院令第 599 号）中规定，发生或达到下列情况之一者定为特别重大事故：

（1）区域性电网减供负荷 30%以上。

（2）电网负荷 20 000MW 以上的省、自治区电网，减供负荷 30%以上。

（3）电网负荷5000MW以上20 000MW以下的省、自治区电网，减供负荷40%以上。

（4）直辖市电网减供负荷50%以上。

（5）电网负荷2000MW以上的省、自治区人民政府所在地城市电网减供负荷60%以上。

（6）直辖市60%以上供电用户停电。

（7）电网负荷2000MW以上的省、自治区人民政府所在地城市70%以上供电用户停电。

查：对《电力安全事故应急处置和调查处理条例》关于电力安全事故等级划分标准的学习、掌握、执行情况。

29.《电力安全事故应急处置和调查处理条例》中重大事故的划分标准是什么？

答：《电力安全事故应急处置和调查处理条例》（国务院令第599号）中规定，发生或达到下列情况之一者定为重大事故：

（1）区域性电网减供负荷10%以上30%以下。

（2）电网负荷20 000MW以上的省、自治区电网，减供负荷13%以上30%以下。

（3）电网负荷5000MW以上20 000MW以下的省、自治区电网，减供负荷16%以上40%以下。

（4）电网负荷1000MW以上5000MW以下的省、自治区电网，减供负荷50%以上。

（5）直辖市电网减供负荷20%以上50%以下。

（6）省、自治区人民政府所在地城市电网减供负荷40%

以上（电网负荷 2000MW 以上的，减供负荷 40%以上 60% 以下）。

（7）电网负荷 600MW 以上的其他设区的市电网减供负荷 60%以上。

（8）直辖市 30%以上 60%以下供电用户停电。

（9）省、自治区人民政府所在地城市 50%以上供电用户停电（电网负荷 2000MW 以上的，50%以上 70%以下）。

（10）电网负荷 600MW 以上的其他设区的市 70%以上供电用户停电。

查：对《电力安全事故应急处置和调查处理条例》关于电力安全事故等级划分标准的学习、掌握、执行情况。

30.《电力安全事故应急处置和调查处理条例》中较大事故的划分标准是什么？

答：《电力安全事故应急处置和调查处理条例》（国务院令第 599 号）中规定，发生或达到下列情况之一者定为较大事故：

（1）区域性电网减供负荷 7%以上 10%以下。

（2）电网负荷 20 000MW 以上的省、自治区电网，减供负荷 10%以上 13%以下。

（3）电网负荷 5000MW 以上 20 000MW 以下的省、自治区电网，减供负荷 12%以上 16%以下。

（4）电网负荷 1000MW 以上 5000MW 以下的省、自治区电网，减供负荷 20%以上 50%以下。

（5）电网负荷 1000MW 以下的省、自治区电网，减供负荷 40%以上。

（6）直辖市电网减供负荷 10%以上 20%以下。

（7）省、自治区人民政府所在地城市电网减供负荷 20%以上 40%以下。

（8）其他设区的市电网减供负荷 40%以上（电网负荷 600MW 以上的，减供负荷 40%以上 60%以下）。

（9）电网负荷 150MW 以上的县级市电网减供负荷 60%以上。

（10）直辖市 15%以上 30%以下供电用户停电。

（11）省、自治区人民政府所在地城市 30%以上 50%以下供电用户停电。

（12）其他设区的市 50%以上供电用户停电（电网负荷 600MW 以上的，50%以上 70%以下）。

（13）电网负荷 150MW 以上的县级市 70%以上供电用户停电。

（14）发电厂或者 220kV 以上变电站因安全故障造成全厂（站）对外停电，导致周边电压监视控制点电压低于调控机构规定的电压曲线值 20%并且持续时间 30min 以上，或者导致周边电压监视控制点电压低于调控机构规定的电压曲线值 10%并且持续时间 1h 以上。

（15）发电机组因安全故障停止运行超过行业标准规定的大修时间两周，并导致电网减供负荷。

（16）供热机组装机容量 200MW 以上的热电厂，在当地人民政府规定的采暖期内同时发生 2 台以上供热机组因安全故障停止运行，造成全厂对外停止供热并且持续时间 48h 以上。

查：对《电力安全事故应急处置和调查处理条例》关于

电力安全事故等级划分标准的学习、掌握、执行情况。

31. 《电力安全事故应急处置和调查处理条例》中一般事故的划分标准是什么？

答：《电力安全事故应急处置和调查处理条例》（国务院令第 599 号）中规定，发生或达到下列情况之一者定为一般事故：

（1）区域性电网减供负荷 4%以上 7%以下。

（2）电网负荷 20 000MW 以上的省、自治区电网，减供负荷 5%以上 10%以下。

（3）电网负荷 5000MW 以上 20 000MW 以下的省、自治区电网，减供负荷 6%以上 12%以下。

（4）电网负荷 1000MW 以上 5000MW 以下的省、自治区电网，减供负荷 10%以上 20%以下。

（5）电网负荷 1000MW 以下的省、自治区电网，减供负荷 25%以上 40%以下。

（6）直辖市电网减供负荷 5%以上 10%以下。

（7）省、自治区人民政府所在地城市电网减供负荷 10%以上 20%以下。

（8）其他设区的市电网减供负荷 20%以上 40%以下。

（9）县级市减供负荷 40%以上（电网负荷 150MW 以上的，减供负荷 40%以上 60%以下）。

（10）直辖市 10%以上 15%以下供电用户停电。

（11）省、自治区人民政府所在地城市 15%以上 30%以下供电用户停电。

（12）其他设区的市 30%以上 50%以下供电用户停电。

（13）县级市 50%以上供电用户停电（电网负荷 150MW 以上的，50%以上 70%以下）。

（14）发电厂或者 220kV 以上变电站因安全故障造成全厂（站）对外停电，导致周边电压监视控制点电压低于调控机构规定的电压曲线值 5%以上 10%以下并且持续时间 2h 以上。

（15）发电机组因安全故障停止运行超过行业标准规定的小修时间两周，并导致电网减供负荷。

（16）供热机组装机容量 200MW 以上的热电厂，在当地人民政府规定的采暖期内同时发生 2 台以上供热机组因安全故障停止运行，造成全厂对外停止供热并且持续时间 24h 以上。

查：对《电力安全事故应急处置和调查处理条例》关于电力安全事故等级划分标准的学习、掌握、执行情况。

32.《国家电网公司安全隐患排查治理管理办法》中安全隐患的定义是什么？

答：《国家电网公司安全隐患排查治理管理办法》（国网（安监/3）481—2014）中规定，安全隐患是指安全风险程度较高，可能导致事故发生的作业场所、设备设施、电网运行的不安全状态、人的不安全行为和安全管理方面的缺失。

查：安全隐患的定义是否清楚，安全隐患是否排查到位，是否受控、在控。

33.《国家电网公司安全隐患排查治理管理办法》中安全隐患的分类及各自定义是什么？

答：《国家电网公司安全隐患排查治理管理办法》（国网

（安监/3）481—2014）中将安全隐患分为Ⅰ级重大事故隐患、Ⅱ级重大事故隐患、一般事故隐患和安全事件隐患四个等级。

Ⅰ级重大事故隐患指可能造成以下后果的安全隐患：

（1）1～2级人身、电网或设备事件。

（2）水电站大坝溃决事件。

（3）特大交通事故，特大或重大火灾事故。

（4）重大以上环境污染事件。

Ⅱ级重大事故隐患指可能造成以下后果或安全管理存在以下情况的安全隐患：

（1）3～4级人身或电网事件。

（2）3级设备事件，或4级设备事件中造成100万元以上直接经济损失的设备事件，或造成水电站大坝漫坝、结构物或边坡垮塌、泄洪设施或挡水结构不能正常运行事件。

（3）5级信息系统事件。

（4）重大交通，较大或一般火灾事故。

（5）较大或一般等级环境污染事件。

（6）重大飞行事故。

（7）安全管理隐患：安全监督管理机构未成立，安全责任制未建立，安全管理制度、应急预案严重缺失，安全培训不到位，发电机组（风电场）并网安全性评价未定期开展，水电站大坝未开展安全注册和定期检查等。

一般事故隐患指可能造成以下后果的安全隐患：

（1）5～8级人身事件。

（2）其他4级设备事件，5～7级电网或设备事件。

（3）6～7级信息系统事件。

（4）一般交通事故，火灾（7级事件）。

（5）一般飞行事故。

（6）其他对社会造成影响事故的隐患。

安全事件隐患指可能造成以下后果的安全隐患：

（1）8级电网或设备事件。

（2）8级信息系统事件。

（3）轻微交通事故，火警（8级事件）。

（4）通用航空事故征候，航空器地面事故征候。

查：安全隐患的分类及定义是否清楚，分类是否准确；制定的整改措施和时效是否到位，是否与其类别对应。

34. 什么是电网运行安全隐患预警通告机制？

答：《国家电网公司安全隐患排查治理管理办法》（国网（安监/3）481—2014）中规定，因计划检修、临时检修和特殊方式等使电网运行方式变化而引起的电网运行隐患风险，由相应调度部门发布预警通告，相关部门制定应急预案。电网运行方式变化构成重大事故隐患，电网调度部门应将有关情况通告同级安全监察部门和相关部门。

查：电网风险预警通知单的规范性，制订的控制措施的针对性和预控措施的落实情况。

35. 安全隐患排查治理的工作流程是什么？

答：《国家电网公司安全隐患排查治理管理办法》（国网（安监/3）481—2014）中规定，隐患排查治理应纳入日常工作中，按照"排查（发现）—评估报告—治理（控制）—验收销号"的流程形成闭环管理。

查：有关人员是否了解隐患排查治理的工作流程，隐患排查治理工作流程的执行情况和完成情况。

36. 保证安全的组织措施有哪些？

答：Q/GDW 1799.1—2013《国家电网公司电力安全工作规程 变电部分》中规定，在电气设备上工作，保证安全的组织措施有：

（1）现场勘察制度。

（2）工作票制度。

（3）工作许可制度。

（4）工作监护制度。

（5）工作间断、转移和终结制度。

查：保证安全的组织措施是否清楚；工作现场执行是否规范。

37. 调控机构在岗生产人员现场培训要求是什么？

答：《国家电网公司调控机构安全工作规定》（国网（调/4）338—2014）中规定，调控机构应加强在岗生产人员现场培训，熟悉现场设备及工作流程，调控运行、设备监控管理专业至少每年开展 2 次、其他专业至少每年开展 1 次。

查：在岗生产人员现场培训记录是否符合要求。

38. 调控机构季度安全分析会的要求是什么？

答：《国家电网公司调控机构安全工作规定》（国网（调/4）338—2014）中规定，调控机构应定期召开季度安全分析会，会议由调控机构安全生产第一责任人主持，相关专业人员参加，会后应下发会议纪要。会议主要内容应至少包括：

（1）组织学习有关安全生产的文件。

（2）通报季度电网运行情况。

（3）各专业根据电力电量平衡、电网运行方式变更、季节变化、水情变化、火电储煤变化、技术支持系统运行情况等，综合分析安全生产趋势和可能存在的风险。

（4）根据安全生产趋势，针对电网运行存在的问题，研究应对事故采取的预防对策和措施。

（5）总结事故教训，布置下季度安全生产重点工作。

查：季度安全分析会的会议记录内容是否符合要求。

39. 地县级备调管理中预案编制的要求是什么？

答：《国家电网公司地县级备用调度运行管理工作规定》（国网（调/4）341—2014）中规定，地县级备调管理中预案编制的要求有：

（1）主调应针对可能发生的突发事件及危险源制定备调启用专项应急预案，预案应包括组织体系、人员配置、工作程序及后勤保障等内容。

（2）备调应针对可能发生的突发事件及危险源至少制定以下预案（方案）：

1）备调场所突发事件应急预案。

2）备调技术支持系统故障处置方案。

3）备调通信系统故障处置方案。

查：备调管理中预案编制的完整性和正确性。

40.《中华人民共和国安全生产法》的适用范围是什么？

答：《中华人民共和国安全生产法》（2014 年修订版）中规定，在中华人民共和国领域内从事生产经营活动的单位（以下统称生产经营单位）的安全生产适用本法；有关法律、行政法规对消防安全和道路交通安全、铁路交通安全、水上交通安全、民用航空安全以及核与辐射安全、特种设备安全另有规定的，适用其规定。

查：对《中华人民共和国安全生产法》的学习、掌握情况。

41.《中华人民共和国安全生产法》中关于安全生产的方针是什么？

答：《中华人民共和国安全生产法》（2014 年修订版）中规定，安全生产工作应当以人为本，坚持安全发展，坚持安全第一、预防为主、综合治理的方针，强化和落实生产经营单位的主体责任，建立生产经营单位负责、职工参与、政府监管、行业自律和社会监督的机制。

查：《中华人民共和国安全生产法》（2014 年修订版）的学习情况，主体责任和监督责任的落实情况。

42. 电网调度管理的原则是什么？

答：《中华人民共和国电力法》（2015 年修订版）中规定，电网运行实行统一调度、分级管理。任何单位和个人不得非法干预电网调度。

查：《中华人民共和国电力法》（2015 年修订版）的学习、掌握情况。

43. 调控机构编制预案时应考虑哪些关键因素？

答：《国家电网公司调控系统预防和处置大面积停电事件应急工作规定》（国网（调/4）344—2014）中规定，预案应包括工作场所、事件特征、现场应急人员及职责、现场应急处置、行政汇报及到场技术支援、注意事项等关键要素。关键要素必须符合单位实际和有关规定要求。

查：预案中关键因素是否齐全，是否符合本单位实际和有关规定要求。

44. 电网大面积停电预警分为几级？

答：《国家电网公司调控系统预防和处置大面积停电事件应急工作规定》（国网（调/4）344—2014）中规定，公司电网大面积停电预警分为一级、二级、三级和四级，依次用红色、橙色、黄色和蓝色标示；将电网大面积停电事件分为：特别重大、重大、较大、一般四级。

查：《国家电网公司调控系统预防和处置大面积停电事件应急工作规定》的学习、掌握情况。

45. 各级调控中心现场处置方案至少包括哪些？

答：《国家电网公司调控系统预防和处置大面积停电事件应急工作规定》（国网（调/4）344—2014）中规定，各级调控中心现场处置方案至少包括：

（1）调控场所突发事件现场应急处置方案（包括自然灾害、事故灾难、公共卫生、社会安全事件）。

（2）特殊时期保电处置预案。

（3）变电站（换流站）重大故障（全停）应急处置方案。

（4）发电厂重大故障（全停）应急处置方案（按在电网中的地位确定的重要电厂，每厂一个）。

（5）调度自动化系统故障现场应急处置方案（分系统划分，每系统一个方案）。

（6）电力二次系统安全防护现场应急处置方案。

（7）调控中心主、备调通信系统故障应急处置方案。

查：调控中心现场处置方案是否齐全，内容是否滚动更新。

46. 在处置大面积停电等突发事件时应遵循的原则是什么？

答：《国家电网公司调控系统预防和处置大面积停电事件应急工作规定》（国网（调/4）344—2014）中规定，在处置大面积停电等突发事件时，应遵循"统一调度、保主网、保重点"的原则，在突发事件的处置过程中，将保证电网主网架的安全放在首位，采取必要手段保证电网安全，防止事故范围进一步扩大，防止发生系统性崩溃和瓦解。在电网恢复中，优先恢复重要电厂的厂用电源、主干网架和重要输变电设备。在供电恢复中，优先恢复政治经济中心等重点城市、重要用户的供电，尽快恢复社会正常供电秩序。

查：各级调控人员是否掌握处置大面积停电等突发事件的原则。

47. 检修公司应报调控中心备案的应急处置方案有哪些？

答：《国家电网公司调控系统预防和处置大面积停电事件应急工作规定》（国网（调/4）344—2014）中规定，检修公司应报调控中心备案的应急处置方案如下：

（1）变电站（换流站）站用电应急处置方案。

（2）变电站（换流站）全停应急处置方案。

查：应报备的应急处置方案是否齐全，内容是否及时更新。

48. 调控机构哪些应急预案应实行报备和协调？

答：《国家电网公司调控机构安全工作规定》（国网（调/4）338—2014）中规定，以下应急预案应实行报备和协调制度：

（1）涉及下级或多个调控机构的，由上级调控机构组织共同研究和统一协调应急过程中的处置方案，明确上下级调控机构协调配合要求。

（2）下级调控机构应将需要上级调控机构支持和配合的调度应急预案，及时报送上级调控机构，由上级调控机构组织共同研究和协调。下级调控机构、并网电厂应定期将预案上报有关调控机构备案。

（3）对于可能出现孤立小电网的，应根据地区电网特点与关联程度，组织相关调控机构及发电企业进行预案协调。

查：应急预案报备和协调情况。

49. 地县级备调工作模式有哪几种？

答：《国家电网公司地县级备用调度运行管理工作规定》（国网（调/4）341—2014）中规定，地县级备调工作模式分为正常工作模式和应急工作模式两种。

正常工作模式是指主调和备调正常履行各自的调控职能，主调掌握电网调控指挥权，备调值班设施正常运行，备调通信自动化等技术支持系统处于实时运行状态，为主调提供数据容灾备份。

应急工作模式是指因突发事件，主调无法正常履行调控职能，按照备调启用条件、程序和指令，主调人员在备调行使电网调控指挥权。

查：正常工作模式时备调值班设施和技术支持系统运行状态。

50. 应急情况下地县级调控指挥权转移的条件是什么？

答：《国家电网公司地县级备用调度运行管理工作规定》（国网（调/4）341—2014）中规定，应急情况下调控指挥权转移的条件为：

（1）备调各项功能运转正常，处于对主调的热备用状态。

（2）主调因以下风险因素可能导致无法正常履行调控职能：

1）可能引发主调失效的事故灾难。主要包括电力调度大楼工程质量安全事故；对电力调度大楼造成重大影响和损失的火灾、爆炸等技术事故；供水、供电、供油、供气、通信网络等城市市政事故；核辐射事故、危险化学品事故、重大环境污染等。

2）可能引发主调失效的自然灾害。主要包括水灾、台风、冰雹、大雾等气象灾害，火山、地震灾害，山体崩塌、滑坡、泥石流、地面塌陷等地质灾害，风暴潮、海啸等海洋灾害，森林火灾和重大生物灾害等。

3）可能造成主调人员健康严重损害的公共卫生事件。主要包括重大传染病疫情、群体性不明原因疾病、重大食物和职业中毒等。

4）可能引发主调失效的社会安全事件。主要包括涉及电网企业的重大刑事案件、恐怖袭击事件以及规模较大的群体性事件等。

5）其他可能引发主调失效的电网突发事件。主要包括调度技术支持系统主要功能失效、电源系统中断、电力通信大面积中断、信息安全遭受威胁等。

6）其他可能导致主调失效的情况。

查：主、备调切换演练开展情况。

51. 地县级备调场所管理要求是什么？

答：《国家电网公司地县级备用调度运行管理工作规定》（国网（调/4）341—2014）中规定，地县级备调场所管理要求有：

（1）备调所在单位负责备调场所的日常管理。备调场所应具备良好的安全保障，能确保备调场所安全；具备人员24h值班所必需的日常需要（包括用餐、饮水、休息以及必需的保洁工作）。

（2）备调值班场所席位设置应满足应急工作模式下各专业人员工作要求，备调调度室内至少设置专用备调席位2席。

（3）备调场所应纳入所在单位生产场所安防体系，实行24h保卫值班。非备调运行、维护、管理和保卫人员不得进入备调场所和备调席位工作。

（4）备调场所的消防工作应纳入所在单位消防工作统一管理和维护。

查：备调场所日常管理工作是否符合要求。

52. 电网故障处置联合演练应遵循的原则是什么？

答：《国家电网公司调度系统电网故障处置联合演练工

作规定》（国网（调/4）330—2014）中规定，电网故障处置联合演练应遵循下列原则：

（1）联合演练一般由参加演练的最高一级调控机构组织，下级调控机构配合上级完成演练；各级调控机构负责其直接调管范围内的演练。

（2）联合演练宜采用调度培训仿真系统（Dispatcher Training System，DTS）；演练期间，应确保模拟演练系统与实际运行系统有效隔离，实际演练系统与其他无关演练的实际运行系统有效隔离。

（3）演练期间参演调控机构如出现意外或特殊情况，可汇报导演后退出演练；负责演练组织的调控机构演练期间如出现意外或特殊情况，可中止演练，并通知各参演单位。

查：联合演练开展情况。

53. 哪些特殊运行方式需制订故障处置预案？

答：《国家电网公司调度系统故障处置预案管理规定》（国网（调/4）329—2014）中规定，以下特殊运行方式需制定故障处置预案：

针对重大检修、基建或技改停电计划导致的电网运行薄弱环节，及新设备启动调试过程中的过渡运行方式，设置预想故障，编制相应预案。

查：故障处置预案编制情况，是否有针对性。

54. 联合预案编制流程是什么？

答：《国家电网公司调度系统故障处置预案管理规定》（国网（调/4）329—2014）中规定，联合预案编制的流程如下：

（1）预案涉及的最高一级调控机构调控运行专业启动流程，并编制联合预案大纲。

（2）预案涉及的所有调控机构调控行专业编制本级调度预案初稿，其他各专业配合并与相关专业、相关部门沟通。

（3）预案涉及的最高一级调控机构调控运行专业收集整理并编制联合预案初稿，发送本机构相关专业及相关部门、其他调控机构调控运行专业、相关单位征求意见，并最终形成修改稿。

（4）预案修改稿需经相关单位及部门确认。

（5）预案涉及的最高一级调控机构分管领导审核批准预案正式稿，发送至相关单位及厂站。

查：联合预案编制流程是否符合要求。

55. 建立应急预案体系的要求是什么？

答：《国家电网公司应急预案管理办法》（国网（安监/3）484—2014）中规定，公司各级单位应按照"横向到边、纵向到底、上下对应、内外衔接"的要求建立应急预案体系。

查：对《国家电网公司应急预案管理办法》应急预案体系要求的学习、掌握、执行情况。

56. 国家电网公司本质安全的实质是什么？

答：根据《国家电网公司关于强化本质安全的决定》（国家电网办〔2016〕624号），本质安全是内在的预防和抵御事故风险的能力，其实质是队伍建设、电网结构、设备质量、管理制度等核心要素的统一。强化本质安全是深入做好安全工作的必然要求，是确保安全的治本之策。

查：是否深刻领会本质安全的核心要义、准确掌握内涵实质；在队伍建设、电网结构、设备质量、管理制度工作中是否有效落实本质安全的工作要求，提升预防和抵御事故风险的能力。

57. 国家电网公司本质安全的总体思路是什么？

答：根据《国家电网公司关于强化本质安全的决定》（国家电网办〔2016〕624 号），国家电网公司本质安全的总体思路是：贯彻《安全生产法》等法规制度，坚持"安全第一、预防为主、综合治理"方针，坚持目标导向和问题导向，树立全员安全理念，把队伍建设作为安全工作的关键，把优化电网结构、提高设备质量作为保障安全的物质基础，把统一标准、执行制度、治理隐患、严控风险作为安全管理的硬约束，狠抓基层、基础、基本功，构建预防为主的安全管理体系，提高本质安全水平，实现安全可控、能控、在控。

查：本质安全工作的开展情况。员工队伍建设工作开展情况，优化电网结构、提高设备质量方面的措施，安全规章制度的执行情况等。

58. 本质安全对电网安全事故风险管控的要求是什么？

答：根据《国家电网公司关于强化本质安全的决定》（国家电网办〔2016〕624 号），本质安全对电网安全事故风险管控的要求是严格执行《电网运行风险预警管控工作规范》，强化电网运行"年方式、月计划、周安排、日管控"工作机制，落实"先降后控"原则，全面评估风险，及时发布预警，用足管控措施，确保风险可控；落实领导审批、报告与告知、监督检查等制度。

查：各级调控机构《电网运行风险预警管控工作规范》的执行情况；电网运行风险管控的评估、发布和管控资料是否齐全、是否规范。

调度控制专业

59.《电网调度管理条例》中规定调度系统中各单位之间的关系是怎样的？

答：《电网调度管理条例》（2011年修订版）中规定：调度系统包括各级调度机构和电网内的发电厂、变电站的运行值班单位。下级调度机构必须服从上级调度机构的调度。调度机构调度管辖范围内的发电厂、变电站的运行值班单位，必须服从该级调度机构的调度。

查：调度运行人员调度纪律的执行情况。参考上级调度机构意见，检查调度运行人员是否严格执行调度纪律，并检查调度运行人员对下级调度机构及直调厂站的执行调度命令及事件汇报规定等情况是否有统计和考核。

60.《电网调度管理条例》规定电网限电序位表的编制、审批流程是什么？

答：《电网调度管理条例》（2011年修订版）中规定：省级电网管理部门、省辖市级电网管理部门、县级电网管理部门应当根据本级人民政府的生产调度部门的要求、用户的特点和电网安全运行的需要，提出事故及超计划用电的限电序位表，经本级人民政府的生产调度部门审核，报本级人民政府批准后，由调度机构执行。限电及整个电网调度工作应当逐步实现自动化管理。

查：调度机构事故拉闸序位表及超计划限电序位表的管理情况。查阅调度机构最新的事故拉闸序位表、超计划限电序位表，重点检查调度机构是否按规定每年编制所辖电网的紧急事故拉闸序位表及超计划限电序位表，并报政府有关部门批准；正在执行的事故拉闸序位表及超计划限电序位表是否齐全，并由专人负责整理备案。

61.《国家大面积停电事件应急预案》中规定在电网发生大面积停电事件后的响应措施环节对电力调度机构有哪些要求？

答：依据《国家大面积停电事件应急预案》（国办函〔2016〕134号）要求：发生大面积停电事件后，相关电力企业和重要电力用户应立即实施先期处置，全力控制事件发展态势，减少损失。电力调度机构合理安排运行方式，控制停电范围；尽快恢复重要输变电设备、电力主干网架运行；在条件具备时，优先恢复重要电力用户、重要城市和重点地区的电力供应。

查：调度运行人员对应急预案和典型事故处理预案的掌握情况。检查调度运行人员是否熟悉电网大面积停电、通信中断、自动化全停、调度场所失火等严重事件的调度处理预案及电网典型事故处理预案，是否掌握调度联系单位电网应急处理联系人员名单和联系方式，调度机构是否组织各级调度预案的学习、交流和演练。

62.《国家电网公司大面积停电事件应急预案》中将电网大面积停电分为几个等级？

答：《国家电网公司大面积停电事件应急预案》（国家电网安质〔2016〕232号）规定：根据大面积停电造成的危害程度、影响范围等因素，将大面积停电事件分为特别重大、重大、较大、一般四级。

查：调度机构的应急预案和典型事故处理预案的编制情况。检查调度机构针对电网大面积停电、通信中断、自动化全停、调度场所失火等严重事件的调度处理预案是否健全；是否根据电网薄弱环节编制典型事故处理预案；应急预案及事故处理预案是否及时进行更新以符合电网运行实际，满足调度运行需要。

63.《国家电网公司调控系统预防和处置大面积停电事件应急工作规定》中规定电网调度机构在应急预防和处置中的职责是什么？

答：《国家电网公司调控系统预防和处置大面积停电事件应急工作规定》（国网（调/4）344—2014）规定调度机构在大面积停电事件应急处理中的主要职责是：

（1）判断事件性质及其影响范围。

（2）监控相关电网输变电运行设备信息，发现并汇报事故及异常信息，为事故处理提供依据。

（3）指挥电网故障处理。

（4）采取一切必要手段，控制事件波及范围，有效防止事态进一步扩大，尽可能保证主网安全和重点地区、重要城市的电力供应。

（5）制定电网恢复方案和恢复步骤，并组织实施。

（6）指导所辖电网内重点城市的供电恢复工作。

（7）及时将大面积停电事态发展和处置情况向公司应急领导小组汇报。

查：调度运行人员对《国家电网公司处置电网大面积停电事件应急预案》和《国家电网公司调控系统预防和处置大面积停电事件应急工作规定》的贯彻和执行情况。检查调度运行人员是否熟悉《国家电网公司处置电网大面积停电事件应急预案》和《国家电网公司调控系统预防和处置大面积停电事件应急工作规定》的具体内容和要求，以及在已发生的电力生产突发性事件的应急处理中对相关规定的实际执行情况。

64. Q/GDW 251—2009《特殊时期保证电网安全运行工作标准》规定保电方案应包括哪些主要内容?

答: 依据 Q/GDW 251—2009《特殊时期保证电网安全运行工作标准》,保电方案应包括以下主要内容:

（1）保电目标、范围及时间。

（2）组织措施。

（3）技术措施。

（4）必要的应急机制。

（5）其他生产保障措施。

查: 调度机构特殊时期保电方案制定情况。查阅调度机构编制的特殊时期保电方案,重点检查保电方案是否及时编制,方案内容是否全面,保电措施是否合理、完善。

65. Q/GDW 251—2009《特殊时期保证电网安全运行工作标准》将保电特殊时期分为几级?

答: 依据 Q/GDW 251—2009《特殊时期保证电网安全运行工作标准》,保电特殊时期共分三级:

一级:在公司营业区内召开的具有重大影响的国际性会议、活动和国家级重要政治、经济、文化活动时期等。会议、活动所在地区域电网（省级电力）公司为一级保电。

二级:在公司营业区内的重要政治、经济、文化活动时期,全国性主要节假日、少数民族区域主要节假日等。

三级:其他重要时期。三级保电主要为局部地区或场所保电。

查：调度机构特殊时期保电工作的实际执行情况。检查调度机构在特殊时期保电工作中是否严格执行《特殊时期保证电网安全运行工作标准》的各项要求，重点检查一级保电期间主网封网管理措施是否严格、到位。

66.《国家电网调度系统重大事件汇报规定》将汇报事件分为几类？

答：《国家电网调度系统重大事件汇报规定》（国网（调/4）328—2016）规定，将汇报事件分为特急报告类事件、紧急报告类事件和一般报告类事件三类。

查：调度值班人员对汇报制度的掌握情况。检查调度值班人员是否熟悉正在执行的汇报制度的具体内容和要求，各类汇报制度是否认真归档并由专人负责整理。

67.《国家电网调度系统重大事件汇报规定》对汇报的内容有什么要求？

答：《国家电网调度系统重大事件汇报规定》（国网（调/4）328—2016）规定，对调度系统重大事件汇报的内容要求如下：

（1）发生重大事件后，相应调控机构的汇报内容主要包括事件的发生时间、概况、造成的影响等情况。

（2）在事件处置暂告一段落后，相应调控机构应将详细情况汇报上级调控机构，内容主要包括：事件发生的时间、地点、运行方式、保护及安全自动装置动作、影响负荷情况；调度系统应对措施、系统恢复情况；掌握的重要设备损坏情况，对社会及重要用户影响情况等。

（3）当事件后续情况更新时，如已查明故障原因或巡线结果等，相应调控机构应及时向上级调控机构汇报。

查：调度值班人员重大事件汇报内容是否详实、准确。检查调度值班人员重大事件汇报记录，重点检查调度值班人员重大事件汇报的主要内容是否全面、清楚，是否存在漏报、误报的情况。

68.《国家电网调度系统重大事件汇报规定》对汇报时间有什么要求？

答：《国家电网调度系统重大事件汇报规定》（国网（调/4）328—2016）规定，对重大事件汇报有如下时间要求：

（1）在直调范围内发生特急报告类事件的调控机构调度员，须在 15min 内向上一级调控机构调度员进行特急报告，省调调度员须在 15min 内向国调调度员进行特急报告。

（2）在直调范围内发生紧急报告类事件的调控机构调度员，须在 30min 内向上一级调控机构调度员进行紧急报告，省调调度员须在 30min 内向国调调度员进行紧急报告。

（3）在直调范围内发生一般报告类事件的调控机构调度员，须在 2h 内向上一级调控机构调度员进行一般报告，省调调度员须在 2h 内向国调调度员进行一般报告。

（4）相应调控机构在接到下级调控机构事件报告后，应按照逐级汇报的原则，5min 内将事件情况汇报至上一级调控机构，省调应同时上报国调和分中心。

（5）特急报告类、紧急报告类、一般报告类事件应按调管范围由发生重大事件的调控机构尽快将详细情况以书面形式报送至上一级调控机构，省调应同时抄报国调。

（6）分中心或省调发生电力调度通信全部中断事件应立即报告国调调度员；地县调发生电力调度通信全部中断事件应立即逐级报告省调调度员。

（7）各级调度自动化系统要具有大面积停电分级告警和告警信息逐级自动推送功能。

查：调度值班人员对重大事件汇报是否及时。检查上级调度提供的重大事件汇报记录，重点检查调度值班人员对重大事件汇报是否及时，是否存在迟报、漏报的情况。

69.《国家电网公司省级以上调控机构安全生产保障能力评估办法》中对操作票智能化有什么要求？

答：依据《国家电网公司省级以上调控机构安全生产保障能力评估办法》（国网（调4）339—2014），对操作票智能化的要求有：操作票系统应能够生成操作任务票，保证操作票的正确性，具有纠错、防误功能，对操作票的执行过程和统计分析进行计算机管理；操作票具备在调控机构和厂站之间电子化下发、接收功能。

查：使用计算机生成的操作票是否正确，是否符合要求。检查操作票计算机管理系统的功能是否完善。

70.《国家电网公司省级以上调控机构安全生产保障能力评估办法》中对反事故演习有什么要求？

答：依据《国家电网公司省级以上调控机构安全生产保障能力评估办法》（国网（调4）339—2014）要求，应每月至少进行1次调控联合反事故演习，每年至少进行1次两级以上调度机构参加的系统联合反事故演习。反事故演习应使用调控联合仿真培训系统。调控联合仿真培训系统应具备变电站仿真、省地联合演习功能。

查：反事故演习相关资料。

71.《国家电网公司省级以上调控机构安全生产保障能力评估办法》中对调度安全日活动有什么要求？

答：依据《国家电网公司省级以上调控机构安全生产保障能力评估办法》（国网（调 4）339—2014）要求，调度运行人员应每月至少进行一次安全日活动，学习安全文件，开展事故分析，通报电网运行注意事项，进行安全培训等工作。

查：调度运行人员安全日活动情况。检查调度运行人员安全日活动记录，重点检查安全日活动是否按时进行，安全日活动内容是否全面、丰富，是否紧密结合电网实际运行情况并做到有针对性，安全日活动记录是否规范、细致、完整。

72.《国家电网公司省级以上调控机构安全生产保障能力评估办法》要求调控运行值班室必须具备哪些资料？

答：依据《国家电网公司省级以上调控机构安全生产保障能力评估办法》（国网（调 4）339—2014）要求，调控运行值班室应至少具备以下资料：调度、监控管理规程和继电保护及安全自动装置调度运行规定，电网一次系统图和厂站接线图，运行日志，月计划、日计划表单，调度日方式安全措施，限电序位表，继电保护定值单，年度电网运行方式，年度电网稳定规定，稳定装置资料，低频低压减载方案，典型事故处理预案，电网大面积停电应急处理预案，电网黑启动方案，EMS 及各类高级应用软件使用说明，调控运行和变电运维联系人员名单，厂站现场运行规程，厂站的保厂站用电措施，受控站一次系统接线图，受控站监控信息表，监视电流表，监控应急处理预案。

查：调控运行值班室资料是否齐备。检查调控运行值班室资料是否完整，是否及时进行更新使之符合电网实际情况，满足值班需要。涉密资料管理符合有关规定。检查调度日常资料管理制度是否健全，资料管理工作是否做到专人负责、分工明确。

73.《国家电网调度控制管理规程》规定值班调度员有权批准哪些临时检修项目？

答：《国家电网调度控制管理规程》（国家电网调〔2014〕1405 号）规定：设备异常需紧急处理或设备故障停运后需紧急抢修时，值班调度员可安排相应设备停电，运维单位应补交检修申请。

查：调度批准的临时检修项目是否符合要求。抽查调度批准的临时检修联系记录及临时检修票，检查临时检修项目是否符合规定，是否对电网造成不良影响。

74.《国家电网调度控制管理规程》中对操作指令票的流程环节有何规定？

答：《国家电网调度控制管理规程》（国家电网调〔2014〕1405 号）规定：操作指令票分为计划操作指令票和临时操作

指令票。计划操作指令票应依据停电工作票拟写，必须经过拟票、审票、下达预令、执行、归档五个环节，其中拟票、审票不能由同一人完成。临时操作指令票应依据临时工作申请和电网故障处置需要拟写，可不下达预令。

查：操作票管理制度是否健全。查调度机构是否制定操作票管理制度，是否按操作票管理规定对操作票的拟票、审票、下票、操作和监护各个环节进行严格管理，每月是否对操作票进行统计、分析、考评。

75.《国家电网调度控制管理规程》中对操作指令票的拟写有什么要求？

答：《国家电网调度控制管理规程》（国家电网调〔2014〕1405号）规定：拟写操作指令票应做到任务明确、票面清晰，正确使用设备双重命名和调度术语。拟票人、审核人、预令通知人、下令人、监护人必须签字。

查：操作指令票的拟写情况。随机抽查已执行的操作指令票，重点检查操作指令票的拟写是否符合要求，设备双重命名和调度术语的使用是否规范，拟票人、审核人、预令通知人、下令人、监护人签字是否完备，是否正确填写操作项执行时间，是否存在跳项操作。

76. 调控机构进行调控业务联系有哪些规定？

答：根据《国家电网调度控制管理规程》（国家电网调〔2014〕1405号）规定：进行调度业务联系时，必须使用普通话及调度术语，互报单位、姓名。严格执行下令、复诵、录音、记录和汇报制度，受令人在接受调度指令时，应主动复诵调度指令并与发令人核对无误，待下达下令时间后才能执行；指令执行完毕后应立即向发令人汇报执行情况，并以汇报完成时间确认指令已执行完毕。

查：调控业务联系是否标准、规范。抽查调控业务联系的录音及联络记录，重点检查下令及回令的调度术语使用是否规范，是否严格执行复诵和记录制度，是否对设备状态进行核对，联络记录中联系人的单位和姓名、下令和回令时间以及调度业务联系内容等是否完整、准确。

77. 调度值班人员进行故障处置的原则是什么？

答：《国家电网调度控制管理规程》（国家电网调〔2014〕1405 号）规定调度值班人员进行故障处置的原则为：

（1）迅速限制故障发展，消除故障根源，解除对人身、电网和设备安全的威胁。

（2）调整并恢复正常电网运行方式，电网解列后要尽快恢复并列运行。

（3）尽可能保持正常设备的运行和对重要用户及厂用电、站用电的正常供电。

（4）尽快恢复对已停电的用户和设备供电。

查：电网事故处理分析和总结。检查电网事故处理总结资料，重点检查调度值班人员事故处理是否迅速、正确，发生事故后调度机构是否及时进行分析评估并提出改进措施，是否进行事故分析报告的汇编等。

78. 值班监控员处理事故时应向调度汇报哪些信息？

答：《国家电网调度控制管理规程》（国家电网调〔2014〕

1405号）规定：电网发生故障时，值班监控员应立即将故障发生的时间、设备名称及其状态等概况向相应调控机构值班调度员汇报，经检查后再详细汇报相关内容。

查：监控员的事故汇报是否符合要求。抽查监控员的事故汇报录音和记录，看是否有漏报、误报信息的发生，以使调度员误判或延迟判断。

79. 制定《国家电网公司调控运行信息统计分析管理办法》的目的是什么？

答：制定《国家电网公司调控运行信息统计分析管理办法》（国网（调/4）525—2014）的目的是：加强国家电网调度系统调度运行信息统计分析管理，科学高效地组织开展调度运行信息统计分析工作，提高调度运行信息统计分析业务一体化水平，保证统计资料的真实性、准确性、及时性，充分发挥统计分析工作在电网运行活动中的重要作用。

查：调度运行信息、资料的报送情况。查阅上级调度机构记录及意见，重点检查调度运行信息、资料报送是否及时、准确。

80. 调控运行值班人员的交接班应包含哪些内容？

答：依据《国家电网公司调控机构调控运行交接班管理规定》（国网（调/4）327—2014）中的规定，调控运行值班人员的交接班包括调控业务总体交接、调度业务交接以及监控业务交接。

调控业务总体交接内容应包括：

（1）调管范围内发、受、用电平衡情况。

（2）调管范围内一、二次设备运行方式及变更情况。

（3）调管范围内电网故障、设备异常及缺陷情况。

（4）调管范围内检修、操作、调试及事故处理工作进展情况。

（5）值班场所通信、自动化设备及办公设备异常和缺陷情况。

（6）台账、资料收存保管情况。

（7）上级指示和要求、电网预警信息、文件接收和重要保电任务等情况。

（8）需接班值或其他值办理的事项。

调度业务交接内容应包括：

（1）电网频率、电压、联络线潮流运行情况。

（2）调管电厂出力计划及联络线计划调整情况。

（3）调管电厂的机、炉等设备运行情况。

（4）当值适用的启动调试方案、设备检修单、运行方式通知单，电网设备异动情况，操作票执行情况。

（5）当值适用的稳定措施通知单及重要潮流断面控制要求、稳定措施投退情况。

（6）当值适用的继电保护通知单、继电保护及安全自动装置的变更情况。

（7）调管范围内线路带电作业情况。

（8）通信、自动化系统运行情况，调度技术支持系统异常和缺陷情况。

（9）其他重要事项。

监控业务交接内容应包括：

（1）监控范围内的设备电压越限、潮流重载、异常及事故处理等情况。

（2）监控范围内的一、二次设备状态变更情况。

（3）监控范围内的检修、操作及调试工作进展情况。

（4）监控系统、设备状态在线监测系统及监控辅助系统运行情况。

（5）监控系统检修置牌、信息封锁及限额变更情况。

（6）监控系统信息验收情况。

（7）其他重要事项。

查：调控运行值班人员交接班质量。检查调度机构的交接班管理制度是否健全，以及交接班管理制度的实际执行情况。抽查值班日志及交接班过程，重点检查交接班时应交代的内容是否完整、清楚，能否突出重点，交接班流程是否系统、规范。

81. 调度运行人员进行的反事故演习通常包括哪些环节？

答：依据《国家电网公司调度系统电网故障处置联合演练工作规定》（国网（调/4）330—2014），调度运行人员进行的反事故演习通常包括以下环节：

（1）启动联合演练。

（2）制定演练方案。

（3）搭建演练平台。

（4）预演练。

（5）实施联合演练。

（6）评价及总结。

（7）宣传。

查：调度运行人员反事故演习情况。检查调度运行人员

反事故演习记录（包括反事故演习方案及反事故演习报告），
重点检查调度运行人员每月进行反事故演习的次数、每年进
行两级以上调度机构参加的联合反事故演习的次数，反事故
演习题目是否能够切实反映系统薄弱环节并做到严格保密，
演习过程是否系统、规范，是否及时总结整理反事故演习评
估报告并提出整改措施，是否使用调度员仿真培训系统
（DTS）。

82. 调控运行人员取得上岗资格的条件是什么？

答：依据《国家电网公司调控机构安全工作规定》（国
网（调/4）338—2014）规定：调控机构新上岗调控运行人员
必须经专业培训、现场实习并经考试合格后方可正式上岗，
专业培训的主要形式包括发电厂和变电站现场实习、调度跟
班实习、各专业轮岗学习、专业技术培训等。

查：调控运行人员持证上岗制度执行情况。

**83. "大运行"和"大检修"在设备运维和监视的职责界
面是什么？**

答：依据《国家电网公司关于印发推进变电站无人值守
工作方案的通知》（国家电网运检〔2013〕178号），"大运行"
负责变电站设备和在线监测告警信息实时监视，负责断路器
远程控制、无功电压调整操作等，负责通过工业视频系统开
展变电站定期巡视；"大检修"负责变电站设备及在线监测
装置定期现场巡视、带电检测、消缺维护、故障抢修、状态
评价、检修改造及刀闸现场操作等。

查：监控运行人员监控职责的完成情况。检查监控运行

人员"大运行"工作职责履行情况。

84. 开关常态化远方操作的范围有哪些？

答： 依据《国调中心关于印发〈国家电网公司开关常态化远方操作工作指导意见〉的通知》（调调〔2014〕72号），下列倒闸操作中，具备监控远方操作条件的开关操作，原则上应由调控中心远方执行：

（1）一次设备计划停送电操作。

（2）故障停运线路远方试送操作。

（3）无功设备投切及变压器有载调压开关操作。

（4）负荷倒供、解合环等方式调整操作。

（5）小电流接地系统查找接地时的线路试停操作。

（6）其他按调度紧急处置措施要求的开关操作。

查： 操作范围的执行情况。随机抽查已执行的监控操作，看是否存在越范围操作。

85. 哪些情况下不允许监控进行开关远方操作？

答： 依据《国调中心关于印发〈国家电网公司开关常态化远方操作工作指导意见〉的通知》（调调〔2014〕72号）规定，当遇有下列情况时，调控中心不允许对开关进行远方操作：

（1）开关未通过遥控验收。

（2）开关正在进行检修。

（3）集中监控功能（系统）异常影响开关遥控操作。

（4）一、二次设备出现影响开关遥控操作的异常告警信息。

（5）未经批准的开关远方遥控传动试验。

（6）不具备远方同期合闸操作条件的同期合闸。

（7）运维单位明确开关不具备远方操作条件。

查：远方操作执行情况。随机抽查已执行的监控操作，看是否存在违反上述规定的情况。

86. 监控值班人员汇报站内设备具备远方试送操作条件前应确认哪些条件？

答：依据《国调中心关于印发〈国家电网公司故障停运线路远方试送管理规范〉的通知》（调调〔2016〕104 号）规定，监控员应在确认满足以下条件后，及时向调度员汇报站内设备具备线路远方试送操作条件：

（1）线路主保护正确动作、信息清晰完整，且无母线差动、开关失灵等保护动作。

（2）对于带高压并联电抗器、串联补偿器运行的线路，高压并联电抗器、串联补偿器保护未动作，且没有未复归的反映高压并联电抗器、串联补偿器故障的告警信息。

（3）具备工业视频条件的，通过工业视频未发现故障线路间隔设备有明显漏油、冒烟、放电等现象。

（4）没有未复归的影响故障线路间隔一、二次设备正常运行的异常告警信息。

（5）集中监控功能（系统）不存在影响故障线路间隔远方操作的缺陷或异常信息。

查：输电线路故障停运远方试送情况。检查输电线路故障停运试送时收集监控告警、故障录波、在线监测、工业视频等相关信息，对线路故障情况进行初步分析判断、汇总的情况。

87. 无人值守变电站集中监控必备条件有哪些？

答： 依据《国家电网公司关于切实做好 330kV 以上无人值守变电站集中监控相关工作的通知》（国家电网调〔2013〕581 号）规定，要按照《国家电网公司推进变电站无人值守工作方案》（国家电网运检〔2013〕178 号）中"无人值守变电站技术条件"要求，全面梳理、逐项核查，做好无人值守变电站集中监控工作，重点把握以下必备条件：

（1）变电站应具备功能完备的实时监控系统，具备遥信、遥测、遥调、遥控功能，满足二次安全防护的相关要求。

（2）变电站监控信息采集满足《变电站调控数据交互规范》（调自〔2012〕101 号）和典型信息表要求，按照《调控机构监控信息变更和验收管理规定》（国网（调/4）807—2016），接入调度技术支持系统。

（3）继电保护和安全自动装置的动作信息、告警信息应传至调控中心。故障录波信息应传至相应的调控中心，在调控中心可远方调阅故障录波报告。

（4）纵联保护应具备通道监视功能，其通道告警信息须传至调控中心。

（5）变电站应配置全站统一时间同步系统，全站时间统一。

（6）变电站站用交直流电源系统的告警信息及母线电压应传至调控中心。

（7）变电站应配置工业视频系统，并接入统一视频监视平台。系统应具备远程控制和录像存档查阅功能。

（8）变电站安防及消防系统稳定可靠，系统总告警信号应传至调控中心。

查：无人值守变电站集中监控技术条件梳理核查情况。检查无人值守变电站集中监控信息接入、故障录波远程调阅、视频工业系统、消安防接入等情况。

88. 哪些情况下调控中心应将相应的监控职责临时移交运维单位？

答：依据《国家电网公司调控机构设备集中监视管理规定》（国网（调/4）222—2014）规定，出现以下情形，调控中心应将相应的监控职责临时移交运维单位：

（1）变电站站端自动化设备异常，监控数据无法正确上送调控中心。

（2）调控中心监控系统异常，无法正常监视变电站运行情况。

（3）变电站与调控中心通信通道异常，监控数据无法上送调控中心。

（4）变电站设备检修或者异常，频发告警信息影响正常监控功能。

（5）变电站内主变压器、断路器等重要设备发生严重故障，危及电网安全稳定运行。

（6）因电网安全需要，调控中心明确变电站应恢复有人值守的其他情况。

查：监控运行日志监控职责移交情况。抽查监控运行日志，查看监控职责移交情况。重点检查是否按规定移交，移交原因是否同运维单位说明清楚。

89. 智能变电站可能导致继电保护装置闭锁和不正确动作的告警信息包括哪些？

答：依据《国调中心关于加强智能变电站继电保护告警信息监视处置的通知》（调继〔2014〕141 号），智能变电站可能导致继电保护装置闭锁和不正确动作的告警信息，包括但不限于：

（1）合并单元重要告警信息：装置故障、装置异常、对时异常、检修状态投入、SV 总告警、SV 采样链路中断、SV 采样数据异常、GOOSE 总告警、GOOSE 链路中断等。

（2）智能终端重要告警信息：装置故障、装置异常、对时异常、检修状态投入、就地控制、GOOSE 总告警、GOOSE 链路中断等。

（3）保护装置重要告警信息：SV 总告警、GOOSE 总告警、SV 采样链路中断、SV 采样数据异常、GOOSE 链路中断、GOOSE 数据异常等。

（4）继电保护用交换机重要告警信息：装置故障等。

查：智能变电站告警信息接入情况，重点检查监控员对上述告警信息处置情况，是否熟知智能变电站继电保护设备的告警信息含义、影响范围和处置原则。

电网调度控制运行安全生产百问百查读本

调度计划专业

90. 检修计划的制定应遵循什么原则？

答：依据 GB/T 31464—2015《电网运行准则》，检修计划的制定应遵循以下原则：

（1）设备检修的工期与间隔应符合有关检修规程的规定。

（2）按有关规程要求，留有足够的备用容量。

（3）发电、输变电设备的检修应根据电网运行情况进行安排，尽可能减少对电网运行的不利影响。

（4）设备检修应做到相互配合，如发电和输变电、主机和辅机、一次和二次设备等之间的检修工作应相互配合。

（5）当电网运行状况发生变化导致电网有功出力备用不足或电网受到安全约束时，电网调度机构应对相关的发、输变电设备检修计划进行必要的调整，并及时向受到影响的各电网使用者通报。

（6）年度检修计划是计划检修工作的基础，月度检修计划应在年度检修计划的基础上编制，日检修计划工作应在月度检修计划的基础上安排。

（7）已有计划的检修工作应按照所属电网调度管理规程规定，在履行相应的申请、审批手续后，根据电网调度机构值班调度员的指令，在批复的时间内完成。

查：有关人员是否按照上述原则制定检修计划。

91. 中长期负荷预测应包括哪些内容？

答：依据 GB/T 31464—2015《电网运行准则》，中长期负荷预测应至少包括以下内容：

（1）年（月）电量。

（2）年（月）最大负荷。

（3）分地区年（月）最大负荷。

（4）典型日、周负荷曲线，月、年负荷曲线。

（5）年平均负荷率、年最小负荷率、年最大峰谷差、年最大负荷利用小时数、典型日平均负荷率和最小负荷率。

查：相关人员是否按要求开展中长期负荷预测工作。

92. 短期负荷预测有哪些要求？

答：依据 GB/T 31464—2015《电网运行准则》，短期负荷预测有以下要求：

（1）短期负荷预测包括从次日到第 8 日的电网负荷预测。

（2）短期负荷预测应按照 96 点编制，96 点预测时间为 0:15～24:00。

（3）各级电网调度机构在编制电网负荷预测曲线时，应综合考虑工作日类型、气象、节假日、社会大事件等因素对用电负荷的影响，积累历史数据，深入研究各种因素与用电负荷的相关性。

（4）各级电网调度机构应实现与气象部门的信息联网，及时获得气象信息，建立气象信息库。

查：查相关人员是否按要求开展短期负荷预测工作。

93. 日前负荷预测管理遵循什么原则？开展日前负荷预测时，需要考虑什么因素？

答：依据《国家电网公司日前负荷预测管理规定》（国网（调/4）523—2014），日前负荷预测管理遵循"统一管理、分级负责"的原则，按照电网调度管辖范围组织实施。

各级调控部门在开展电网负荷预测工作时，应综合考虑气象、节假日、社会重大事件、历史负荷特性、经济发展形式等因素对电网负荷的影响，积累历史数据，深入研究各种因素与电网负荷的相关性。

查：有关人员对日前负荷预测管理原则是否清楚，是否具备实际工作所需的综合考虑能力。

94. 母线负荷的含义是什么？开展母线负荷预测时，需要考虑什么因素？

答：依据《国家电网公司日前负荷预测管理规定》(国网（调/4）523—2014），母线负荷指网内所有 220kV 主变压器高压侧，以及发电机组 220kV 升压变压器中压侧的有功负荷，负荷值应充分考虑小水电及分布式电源出力的影响。

母线负荷预测要重点考虑业扩报装、设备检修、低压负荷转供、低电压等级并网电厂发电等因素的影响。

查：有关人员对母线负荷概念的掌握以及母线负荷预测实际工作的综合考虑能力。

95. 停电计划调整时，需满足哪些规定？

答：依据《国家电网公司调度计划管理规定》(国网（调/4）529—2014），停电计划调整规定如下：

（1）年度调度计划下达后，原则上不得进行跨月调整；月度计划下达后，原则上不得进行跨周调整。客观原因导致停电计划需要进行上述调整时，申请调整单位提前报相关调控部门批准。

（2）未列入年、月度调度计划，在实际运行中发现对电网安全运行影响较大的缺陷，运维单位汇报运检部门并确认后，向调控部门提交临时停电申请。

查：有关人员对计划情况刚性执行的理解，查有关临修情况。

96. 500kV 以上主网输变电设备调度计划执行情况考评考虑因素是什么？

答：依据《国家电网公司调度计划管理规定》（国网（调/4）529—2014），500kV 以上主网输变电设备调度计划执行情况考评考虑因素有：

（1）最高停电次数：运维责任范围内单元件年度最高停电次数。按照基建和运检原因对每一条（台）线路、母线、主变压器（换流变压器）进行分类统计。

（2）平均停电次数：运维责任范围内所有元件停电次数的平均值。

（3）最小停电时间间隔：运维责任范围内单元件两次停电间隔时间最短。按照基建和运检原因对每一条（台）线路、母线、主变压器（换流变压器）进行分类统计。

（4）平均停电时间间隔：运维责任范围内所有元件停电间隔时间的平均值。

（5）临停率。临时停电包括未列入年、月度调度计划；列入年度计划进行跨月调整；列入月度计划进行跨周调整；设备跳闸或紧急停运后转检修。

（6）停电计划完成率。因物资及施工准备原因导致年、月度停电计划未能如期开展，取消停电或进行跨月、跨周调整的，纳入未完成停电计划进行考评。

查：有关人员对 500kV 以上主网输变电设备停电考核的理解。

97. 编制发电组合时应考虑的因素是什么？

答：依据《国家电网公司调度计划管理规定》（国网（调/4）529—2014），编制发电组合时应考虑以下因素：

（1）参考月（周）的负荷持续曲线，按照最大、最小负荷区间确定发电机组组合。

（2）满足电源资源特性限制。火电、水电、核电等发电机组按照等效容量（考虑等效可用系数和强迫停运率）纳入电力电量平衡；风电、光伏等间歇式电源按照预测电量纳入电量平衡；水电、燃机等受电量约束，以及火电机组燃煤不足时，应按照可调电量纳入电量平衡。

（3）发电机组组合应将发电量计划、直接交易合同、发电量替代合同以及完成进度等交易计划作为约束条件。根据电力电量平衡预计，后续全网燃煤机组发电负荷率较低时，将年度电量完成情况较好、后续负荷率小于 65% 的火电厂优先纳入发电机组调停序列。

（4）电网最小运行方式确定的必开机组以及满足安全自动装置动作条件需要切除的发电机组，优先纳入发电机组组合并保障其最小发电量。

（5）电网稳定断面及设备运行约束。以跨区跨省计划为边界条件，合理评估相关稳定断面及设备运行约束，优化机组组合及开机分布。

查：有关人员对编制发电计划时是否综合考虑了新能源消纳情况、出力受阻情况、断面约束、电量进度、旋转备用等情况。

98. 日前联合安全校核按照什么原则开展？

答：依据《国家电网公司调度计划管理规定》（国网（调/4）529—2014），国（分）、省调按照"统一模型、统一数据、联合校核、全局预控"原则开展日前联合安全校核。各级调度按调度管辖范围对各自提供的电网模型、设备参数、发电计划、母线负荷预测、分省交换计划、设备状态变化等数据的准确性负责。

查：有关人员对日前联合安全校核七大类数据的了解情况。

99. 电网运行风险预警的预控措施包括哪些方面？

答：依据《国家电网公司调度计划管理规定》（国网（调/4）529—2014），电网运行风险预警的预控措施包括：

（1）设备停电前对特定关联运行设备运行环境及健康状况的巡视和评估，以实现对内外部风险点的详细摸底和针对性预控。

（2）对故障后可能产生较大影响的关联设备采取特殊的一、二次防护措施，减少故障发生概率，降低事故等级。

（3）降低乃至消除故障后影响而采取的预控措施。

（4）为提高事故处置效率而采取的特殊措施。

查：有关人员对重大检修时风险预控措施的执行情况。

100. 各级调度安排的计划性停电工作, 满足预警条件时需提前多少小时发布?

答: 依据《国家电网公司调度计划管理规定》(国网(调/4) 529—2014), 各级调度安排的计划性停电工作, 满足预警条件时, 应至少提前 36h 发布电网运行风险预警, 临时性停电可根据电网运行需要即时发布风险预警, 以便于相关单位(部门)采取预控措施。

查: 有关调度机构是否及时发布电网运行风险预警。

101. AGC 机组的基本技术要求?

答: 依据《国家电网公司联络线功率控制管理办法》(国网(调/4) 524—2014), AGC 机组的基本技术要求包括机组的调节范围、响应速度、调节速率等, AGC 主站应不定期对 AGC 机组进行基本技术要求的检查和测试, 检查机组实际 AGC 能力是否符合规定的基本技术要求。

查: 有关人员对 AGC 基本技术要求的掌握情况, 便于实际工作中对 AGC 功能的考核、应用等。

102. 省级调控机构在联络线功率控制管理工作中应履行的职责是什么?

答: 依据《国家电网公司联络线功率控制管理办法》(国网(调/4) 524—2014), 省级调控机构在联络线功率控制管理工作中应履行以下职责:

(1) 负责通过调整省间 ACE 参与系统频率的调整, 承担相应的频率控制责任。

(2) 负责执行分中心下达的省间联络线输电计划, 负责监视和控制省间 ACE 在规定范围内。

查：省级调控机构有无在联络线功率控制管理工作中履行以上职责。

103. 输变电设备调度命名应遵循什么原则？

答：依据《国家电网调度控制管理规程》（国家电网调〔2014〕1405 号），输变电设备调度命名应遵循统一、规范的原则：

（1）特高压交直流系统、跨区交直流系统及其第一级出线范围内设备按相同规则进行调度命名。

（2）新建 500kV 以上变电站的命名，应在工程初设阶段，由工程管理单位报相关调控机构审定。

（3）下级调控机构调管变电站命名，应报送上级调控机构核备。

查：相关人员是否按照上述原则对输变电设备进行调度命名、审定、核备工作。

104. 新设备启动前必须具备什么条件？

答：依据《国家电网调度控制管理规程》（国家电网调〔2014〕1405 号），新设备启动前必须具备下列条件：

（1）设备验收工作已结束，质量符合安全运行要求，有关运行单位已向调控机构提出新设备投运申请。

（2）所需资料已齐全，参数测量工作已结束，并以书面形式提供给有关单位（如需要在启动过程中测量参数者，应在投运申请书中说明）。

（3）生产准备工作已就绪（包括运行人员的培训、调管范围的划分、设备命名、现场规程和制度等均已完备）。

（4）监控（监测）信息已按规定接入。

（5）调度通信、自动化系统、继电保护、安全自动装置等二次系统已准备就绪。计量点明确，计量系统准备就绪。

（6）启动试验方案和相应调度方案已批准。

查：新设备启动时是否都已具备上述条件。

105. 年度停电计划是如何编制的？

答：依据《国家电网调度控制管理规程》（国家电网调〔2014〕1405 号），年度停电计划应按如下要求编制：

（1）年度停电计划应统筹考虑电网基建投产、设备检修和基础设施工程等因素，并以相关文件为依据。

（2）年度停电计划原则上不安排同一设备年内重复停电；对电网结构影响较大的项目，必须通过专题安全校核后方可安排。

（3）国调及分中心统一制定 500kV 以上主网设备年度停电计划。年度停电计划下达后，原则上不得进行跨月调整。如确需调整，须提前向相关调控机构履行审批手续。

（4）年度发电设备检修计划应考虑分月电力、电量平衡和跨区跨省输电计划等。300MW 以上发电设备年度检修计划经全网统筹后，按调管范围发布。

查：相关人员是否按照以上要求编制年度停电计划。

106. 月度停电计划是如何编制的？

答：依据《国家电网调度控制管理规程》（国家电网调〔2014〕1405 号），月度停电计划应按如下要求编制：

（1）月度停电计划以年度停电计划为依据，未列入年度停电计划的项目一般不得列入月度计划。对于新增重点工程、重大专项治理等项目，相关部门必须提供必要说明，并通过调控机构安全校核后方可列入月度计划。

（2）国调及分中心统筹制定 500kV 以上主网设备月度停电计划，统一开展安全校核。

（3）月度停电计划须进行风险分析，制定相应预案及预警发布安排。对可能构成一般及以上事故的停电项目，须提出安全措施，并按规定向相应监管机构备案。

查：相关人员是否按照以上要求编制月度停电计划。

107. 日前停电计划是如何编制的？

答：依据《国家电网调度控制管理规程》（国家电网调〔2014〕1405 号），日前停电计划应按如下要求编制：

（1）日前停电计划的编制，应以月度停电计划为基础，原则上不安排未列入月度停电计划的项目。

（2）日前停电计划必须遵循 $D-3$ 日以上申报原则。

（3）停电申请须逐级报送；需上级调控机构审批的项目，必须进行安全校核。

（4）计划检修因故不能按批准的时间开工，应在设备预计停运前 6h 报告值班调度员。计划检修如不能如期完工，必须在原批准计划检修工期过半前向调控机构申请办理延期手续。

（5）设备异常需紧急处理或设备故障停运后需紧急抢修时，值班调度员可安排相应设备停电，运维单位应补交检修申请。

查：相关人员是否按照要求编制日前停电计划。

108. 各级调控部门在新建工程的规划设计阶段的主要职责是什么？

答：依据《国家电网公司新建发输变电工程前期及投运调度工作规则》（国网（调/4）456—2014），各级调控部门在新建工程的规划设计阶段的职责是，按照本级调度管辖范围，全面深入地完成前期规划设计的各项工作。具体包括：

（1）配合规划部门和设计单位进行基础运行资料的收资。

（2）提出系统未来运行需求。

（3）提出对新建工程调控部门的设计需求和建议。

（4）相关调控部门要全过程参与对规划设计方案的论证和评审工作。

查：各级调控部门在新建工程的规划设计阶段有无履行上述职责。

109. 各级调控部门在新建工程的建设阶段的主要职责是什么？

答：依据《国家电网公司新建发输变电工程前期及投运调度工作规则》（国网（调/4）456—2014），在新建工程的建设阶段，各级调控部门要按调度管辖范围，密切配合建设阶段的初步设计工作。主要职责包括：配合设计单位对新建工程系统主接线方式，投运后系统运行方式，一、二次设备性能要求、基建工程过渡方案、基建施工中运行系统配合方案等方案的确定；提出须与运行系统配合的设备（特别是涉网继电保护装置、系统安全自动装置、调度通信和调度自动化设备等）的选型意见；提出相应的调控技术支持系统修改和设计方案；参与必要的设备招标选型工作；全过程参与对初步设计方案的论证和评审工作。

查：各级调控部门在新建工程的建设阶段有无履行上述职责。

系统运行专业

110. 无功补偿的基本原则是什么？目前适用于无功电压的主要技术标准和管理规定有哪些？

答：无功补偿应坚持分层分区和就地平衡的原则。目前适用于无功电压的主要技术标准和管理规定有：SD 325—1989《电力系统电压和无功电力技术导则》、《国家电网公司电力系统电压质量和无功电压管理规定》（国家电网生〔2009〕133 号）和《国家电网公司电网无功电压调度运行管理规定》（国网（调/4）455—2014）。

查：有关人员是否掌握《电力系统电压和无功电力技术导则》《国家电网公司电力系统电压质量和无功电压管理规定》和《国家电网公司电网无功电压调度运行管理规定》的主要内容。

111. 无功电压分析的基本要求是什么？

答：依据 Q/GDW 404—2010《国家电网安全稳定计算规范》，无功电压分析主要分析无功平衡状况与电压水平，发现电压无功薄弱环节，制订电压无功控制策略，实现无功的分层分区就地平衡，确保在正常、检修及特殊方式下各电压等级母线电压均能控制在合理水平，并具有灵活的电压调节手段。对于联系薄弱的电网联络线、网络中的薄弱断面等有必要开展电压波动计算分析。

查：无功电压分析是否满足基本要求。

112. 电网无功电压调整的手段有哪些？

答：依据 GB/T 31464—2015《电网运行准则》，电网无功电压调整的手段包括：

（1）调整发电机无功功率。

（2）调整发电变频器、逆变器无功功率。

（3）调整调相机无功功率。

（4）调整无功补偿装置。

（5）自动低压减负荷。

（6）调整电网运行方式。

（7）调整变压器分接头位置。

（8）直流降压运行。

查：电网电压合格率是否满足国家电网公司的要求。

113. 控制电网频率的手段有哪些？

答：根据 GB/T 31464—2015《电网运行准则》，控制电网频率的手段有：一次调频、二次调频、高频切机、自动低频减负荷、机组低频自启动、负荷控制，以及直流调制等。

查：电网频率调节手段掌握情况。

114. 电网分层分区的基本要求是什么？

答：根据 DL 755—2001《电力系统安全稳定导则》，电网分层分区的基本要求包括：

（1）应按照电网电压等级和供电区域，合理分层分区。合理分层，将不同规模的发电厂和负荷接到相适应的电压网络上；合理分区，以受端系统为核心，将外部电源连接到受端系统，形成一个供需基本平衡的区域，并经联络线与相邻区域相连。

（2）随着高一级电压电网的建设，下级电压电网应逐步实现分区运行，相邻分区之间保持互为备用。应避免和消除严重影响电网安全稳定的不同电压等级的电磁环网，发电厂不宜装设构成电磁环网的联络变压器。

（3）分区电网应尽可能简化，以有效限制短路电流和简化继电保护的配置。

查：本网的电磁环网解环计划，电磁环网解环的落实情况。

115. 什么是电力系统稳定性？

答：依据 DL/T 1234—2013《电力系统安全稳定计算技术规范》，电力系统稳定性指电力系统受到扰动后保持稳定运行的能力。根据电力系统失稳的物理特性、受扰动的大小以及研究稳定问题应考虑的设备、过程和时间框架，电力系统稳定可分为功角稳定、频率稳定和电压稳定三大类以及若干子类。

查：对电力系统稳定性含义以及对功角稳定、频率稳定和电压稳定的理解程度。

116. 什么是电网安全稳定"三级安全稳定标准"？

答：根据 DL 755—2001《电力系统安全稳定导则》，电力系统承受大扰动能力的安全稳定标准分为三级：

（1）第一级标准：保持稳定运行和电网的正常供电。

（2）第二级标准：保持稳定运行，但允许损失部分负荷。

（3）第三级标准：当系统不能保持稳定运行时，必须防止系统崩溃并尽量减少负荷损失。

查：电网继电保护、稳定控制装置和低频低压减负荷装置配置是否满足规定要求。

117. 什么是保证电力系统安全稳定运行的"三道防线"？

答：根据 GB/T 31464—2015《电网运行准则》，应建立起保证系统安全稳定运行的可靠的三道防线：

（1）满足电力系统第一级安全稳定标准要求，由系统一次网架及继电保护装置来保证，作为系统稳定运行的第一道防线。

（2）满足电力系统第二级安全稳定标准要求，配置切机、切负荷控制等装置，作为系统稳定运行的第二道防线。

（3）满足电力系统第三级安全稳定标准要求，配置适当的失步解列装置及足够容量的低频率、低电压减负荷装置和高频率切机、快关主气门等装置，作为系统稳定运行的第三道防线。

查：电网安全自动装置的配置情况。

118. 安全自动装置配置的原则是什么？

答：依据 GB/T 31464—2015《电网运行准则》，安全自动装置配置原则如下：

（1）采用的稳定措施主要包括稳定切机和高频率切机、发电机励磁紧急控制、火电机组快关主汽门、水电厂投入制动电阻、集中或分散切负荷、失步解列、自动低频（低压）解列、直流调制、自动低频（低压）减负荷装置等。

（2）安全自动装置一般设置在厂站端。当采用区域性安全稳定控制措施时，可在调度端设置监控系统。

（3）安全稳定控制系统（含厂站执行装置）及重要的安全自动装置应按双重化配置，通道应按不同路由实现双重化配置。

（4）安全稳定控制系统和安全自动装置需单独配置，具有独立的投入和退出回路，应避免与厂站计算机监控系统混合配置。

（5）安全自动装置必须满足接入电网安全稳定控制系统的技术要求，安全自动装置的运行状态应根据电网调控机构的要求上传。

查：安全自动装置配置的主要原则掌握情况。

119. 安全稳定控制措施管理的基本要求是什么？

答：依据《国家电网调度控制管理规程》（国家电网调〔2014〕1405 号），安全稳定控制措施管理的基本要求如下：

（1）调控机构应根据《电力系统安全稳定导则》规定的安全稳定标准，制定电网安全稳定控制措施。

（2）安全稳定控制系统原则上按分层分区配置，各级稳定控制措施必须协调配合。稳定控制措施应优先采用切机、直流调制，必要时可采用切负荷、解列局部电网。

（3）国调及分中心统一下达国家电网公司 500kV 以上主网安全稳定控制方案，统一下达省级电网低频自动减负荷方案。

查：是否按照安全稳定控制措施管理的基本要求开展工作。

120. 电力系统安全稳定计算分析的任务是什么？

答：根据 DL 755—2001《电力系统安全稳定导则》，电力系统安全稳定计算分析的任务是确定电力系统的静态稳定、暂态稳定和动态稳定水平，分析和研究提高安全稳定的措施，以及研究非同步运行后的再同步及事故后的恢复策略。

查：安全稳定分析报告的内容是否满足要求。

121. 电网运行方式管理工作包含哪些内容？

答：根据《国家电网公司电网运行方式管理规定》（国网（调/4）521—2014），电网运行方式管理工作主要包含电网运行方式分析、离线计算数据平台管理、协同计算平台管理和年度运行方式编制框架等四个方面的工作。

查：运行方式管理工作内容是否全面。

122. 电网运行方式管理工作遵循的原则是什么？

答：根据《国家电网公司电网运行方式管理规定》（国网（调/4）521—2014），电网运行方式管理工作严格按照"统一程序、统一模型、统一稳定判据、统一运行方式、统一安排计算任务、统一协调运行控制策略"的原则执行（简称"六统一原则"）。

查：运行方式管理工作是否执行"六统一原则"。

123. 并网前，拟并网方应与电网企业签订哪些文件？

答：根据 GB/T 31464—2015《电网运行准则》要求，在并网前，拟并网方与电网企业应签订并网调度协议和购售电合同（或供用电合同）。

查：各调控机构与调管电厂、用户并网调度协议签订情况。

124. 什么是 $N-1$ 原则？

答：根据 DL 755—2001《电力系统安全稳定导则》，正常运行方式下的电力系统中任一元件（如线路、发电机、变压器等）无故障或因故障断开，电力系统应能保持稳定运行和正常供电，其他元件不过负荷，电压和频率均在允许范围内。这通常称为 $N-1$ 原则。

查：电网安全稳定控制是否满足 $N-1$ 原则。

125. 发电机组励磁调速参数管理的内容及适用范围是什么？

答：依据《国家电网公司发电机组励磁调速参数管理工作规定》（国家电网调运〔2016〕106 号），发电机组励磁调速参数管理是指对同步发电机励磁（含 PSS）、调速系统的试验、参数整定及审核入库等管理工作。

励磁调速参数管理适用于接入公司电网的单机容量 100MW 及以上火电、燃气和核电机组，50MW 及以上水电机组，接入 220kV 及以上电压等级的发电机组，以及其他根据电网安全稳定分析和控制需要，认为对电网安全稳定运行有较大影响的其他发电机组。

查：励磁调速参数管理是否满足要求。

126. 发电机组电力系统稳定器（PSS）并网管理的基本要求是什么？

答：依据 Q/GDW 684—2011《发电机组电力系统稳定器（PSS）运行管理规定》，发电机组 PSS 并网管理的基本要求如下：

（1）发电机组的 PSS 性能指标应符合国家有关技术标准，并满足电网安全稳定运行的要求，否则发电机组不得正式并网运行。

（2）发电机组的 PSS 应通过国家质检部门的型式试验或各网省有关检测规定要求的入网检测才能进入电网。

（3）对于已经运行的、但主要技术指标不满足有关国家标准和行业标准要求的 PSS，发电厂应制定整改方案和计划并报调度部门和技术监督部门审核，并按要求完成整改。在完成改造之前，所属调度部门有权根据电网运行情况采取必要的控制措施。

查：PSS 并网管理工作是否满足基本要求。

127. 平息低频振荡有哪些控制方法？

答：依据 GB/T 26399—2011《电力系统安全稳定控制技术导则》，平息低频振荡的控制方法如下：

（1）借助电网调度信息、实时动态监测系统或其他自动告警信息，判明并解列振荡源。

（2）视振荡情况，退出相关电厂机组自动发电控制系统（AGC）、厂站无功电压自动控制系统（AVC）。

（3）立即降低送电端发电出力。

（4）发电厂和装有调相机的变电站应立即增加发电机、调相机的励磁电流，提高电压。

（5）应投入直流输电系统、可控串补等新型输电技术的附加阻尼控制提高互联系统动态稳定性。

查：是否熟练掌握平息低频振荡的控制方法。

128. 电网大机组频率保护定值与低频减载定值需要满足什么条件？

答： DL/T 428—2010《电力系统自动低频减负荷技术规定》中对低频减负荷整定的基本要求规定：低频减负荷应保证系统低频值与所经历的时间，能与运行中机组的自动低频保护相配合。就是要保证在系统低频时，大机组频率保护不应先于低频减负荷动作。

查： 电网大机组频率保护定值、低频减负荷方案及定值。本网大机组频率保护是否满足《电力系统自动低频减负荷技术规定》中低频减负荷定值配合的要求。

129. 电网自动低频、低压减载方案包括哪些内容？

答： 依据 DL/T 428—2010《电力系统自动低频减负荷技术规定》和 DL/T 1454—2015《电力系统自动低压减负荷技术规定》，电网自动低频、低压减载方案应包括：切负荷轮数、每轮动作频率（或电压）和时间、每轮各地区所切负荷数。

查： 分部、省级、市级电网低频、低压减载方案，查各级电网的低频、低压减负荷方案是否落实。

130. 作为电力系统安全稳定运行的基础, 合理的电网结构应满足哪些基本要求？

答： 根据 DL 755—2001《电力系统安全稳定导则》，合理的电网结构应满足如下基本要求：

（1）能够满足各种运行方式下潮流变化的需要，具有一定的灵活性，并能适应系统发展的要求。

（2）任一元件无故障断开，应能保持电力系统的稳定运行，且不致使其他元件超过规定的事故过负荷和电压允许偏差的要求。

（3）应有较大的抗扰动能力，并满足 DL 755—2001《电力系统安全稳定导则》中规定的有关各项安全稳定标准。

（4）满足分层和分区原则。

（5）合理控制系统短路电流。

查： 在电网规划设计阶段和电网运行方式安排中，注重电网结构的合理性，满足 DL 755—2001《电力系统安全稳定导则》中规定的基本要求。

131. 在保证系统稳定性的前提下，安自装置对切负荷量的基本要求是什么？

答： 依据《国家电网公司安全自动装置运行管理规定》（国网（调/4）526—2014），安自装置的控制策略在保证系统稳定性的前提下应尽可能减少切负荷量。当切负荷的动作结果达到《电力安全事故应急处置和调查条例》（国务院令第599号）所规定的电网一般事故或《国家电网公司安全事故调查规程》（国家电网安监〔2011〕2024号）所规定的五级电网事件时，应向本单位安全监察部门备案。

查： 安自装置切负荷量达到一般事故或五级电网事件的是否已向安监部门备案。

132. 电力安全事故等级划分标准的判定项有哪些？

答： 根据《电力安全事故应急处置和调查处理条例》（国务院令第599号），判定项目有：

（1）造成电网减供负荷的比例。

（2）造成城市供电用户停电的比例。

（3）发电厂或者变电站因安全故障造成全厂（站）对外停电的影响和持续时间。

（4）发电机组因安全故障停运的时间和后果。

（5）供热机组对外停止供热的时间。

查：《电力安全事故应急处置和调查处理条例》事故定级标准的掌握情况。

133. 特高压输电设备故障后稳态过电压分析的必要性？

答：根据 Q/GDW 404—2010《国家电网安全稳定计算技术规范》，750/1000kV 特高压输电线路具有送电距离远、充电功率大的特点。由开关偷跳或解列装置动作引起任意一个设备开关三相跳闸时，将出现系统带空线运行的情况，其沿线电压会大幅增加，而 750/1000kV 输电线路的充电功率和变压器第三绕组容性无功涌向两侧的 330/500kV 系统，会造成两侧系统电压大幅上升，对设备和事故后处理和恢复均产生不利影响。根据稳态过电压计算结果和相关设备技术规范要求，判断系统是否存在稳态过电压问题，当不满足规范要求时，应考虑加装稳态过电压自动装置，解决因元件跳闸引起的系统稳态过电压问题。

查：是否开展特高压输电设备故障后的稳态过电压分析工作。

134. 电网运行风险预警管控工作中调控部门的职责是什么？

答：根据《国家电网公司关于印发电网运行风险预警管

控工作规范的通知》（国家电网安质〔2016〕407 号），各级调控部门是电网运行风险预警主要发起部门，负责电网运行风险评估，会同相关部门编制电网运行风险预警通知单（简称预警通知单），提出电网运行风险管控要求；组织优化运行方式、完善安控策略、制定事故预案等措施；负责向政府电力运行主管部门报告、向相关并网电厂告知电网运行风险预警。

查：各级调控机构电网运行风险预警通知单的编制、会签和执行等闭环管理过程。

135. 省公司电网运行风险预警发布条件有哪些？

答：根据《国家电网公司关于印发电网运行风险预警管控工作规范的通知》（国家电网安质〔2016〕407 号），省公司电网运行风险预警发布条件包括但不限于：

（1）设备停电期间再发生 N–1 及以上故障，可能导致六级以上电网安全事件。

（2）设备停电造成 500（750）kV 变电站改为单线供电、单台主变压器、单母线运行。

（3）设备停电造成电厂通过单回 500（750）kV 输电线路并网。

（4）省级电网重要输电通道持续满载或重载。

（5）500（750）kV 主设备存在缺陷或隐患不能退出运行。

（6）重要通道故障，符合有序用电启动条件。

查：省级调控机构电网运行风险预警发布条件是否满足上述规定要求。

水电及新能源专业

136. 电网调控机构对水电及新能源调度专业设置有什么要求？

答：根据《国家电网公司"三集五大"体系建设方案》（国家电网体改〔2013〕1326号），对于直调水电装机容量在300万kW以上或直调新能源发电装机容量在100万kW以上的电网，电力调度控制中心可增设水电及新能源处。

查：是否按上述要求设置水电及新能源处。

137.《电网运行准则》中规定水电运行的原则是什么？

答：GB/T 31464—2015《电网运行准则》规定，水电运行的原则如下：

（1）遵照GB 17621—1998《大中型水电站水库调度规范》，确保大坝安全，防止洪水漫坝、水淹厂房事故的发生。

（2）水电厂发电运行服从电网调度的统一调度。

（3）严格执行经审批的水库综合利用方案。

（4）优化水库调度，充分利用水能资源。

（5）实施联合调度的梯级水电站，其电力调度工作应由电网调度机构负责并组织实施。

查：专业人员是否清楚，工作是否落实到位。

138. 水电计划及方案的编制主要包括哪些形式？

答：Q/GDW 405—2010《水库调度工作规范》规定，电网调控机构应会同公司有关部门做好水电厂发电计划编制工作。水电厂发电计划编制工作主要包括水电厂年、月、日发电计划的编制，以及汛期、枯水期、灌溉期及施工期等特殊时期水库运用计划的编制。

查：各种计划及方案是否齐全，完成时间是否满足要求。

139. 编制水电发电计划的依据有哪些？

答：Q/GDW 405—2010《水库调度工作规范》规定，编制水电发电计划的依据有：

（1）国家批准的水电站设计文件及有关水库调度规程。

（2）水库实际来水和预计后期来水情况。

（3）电网与水电厂签订的购售电合同。

（4）电网和水电站的运行约束。

（5）大坝及影响水库正常运行的水工建筑物施工，对水位和水库出流等限制要求。

（6）电网节能发电调度和经济运行有关要求。

（7）水库防洪和综合利用有关要求。

查：专业人员对水电发电计划编制依据是否清楚，编制依据是否齐全。

140. 水电及新能源监测与调度模块的基本功能有哪些？

答：依据《智能电网调度控制系统实用化要求》和《智能电网调度控制系统实用化验收办法》（调自〔2013〕194 号），水电及新能源监测与调度模块的基本功能有水电监测分析、新能源监测分析、气象监测分析、新能源发电能力预测、水库来水预报、水电调度、新能源调度。

查：水电及新能源监测与调度模块基本功能是否齐全，运行记录是否完整，专业人员是否熟练掌握。

141. 风电场低电压穿越的基本要求是什么？

答：依据 GB 19963—2011《风电场接入电力系统技术规定》，风电场低电压穿越要求如下：

（1）风电场并网点电压跌至 20%标称电压时，风电场内的风电机组能够保证不脱网连续运行 625ms。

（2）风电场并网点电压在发生跌落后 2s 内能够恢复到标称电压的 90%时，风电场内的风电机组能够保证不脱网连续运行。

查：接入电力系统的风电场是否符合以上有关低电压穿越的要求。

142. 光伏发电站功率预测的基本要求是什么？

答：依据 GB 19964—2012《光伏发电站接入电力系统技术规定》，装机容量 10MW 及以上的光伏发电站应配置光伏发电功率预测系统，系统具有 0～72h 短期光伏发电功率预测以及 15min～4h 超短期光伏发电功率预测功能。

查：专业人员是否清楚，直调光伏发电站是否按要求配置。

143. 光伏发电站向电网调度机构提供的检测报告中应包括哪些内容？

答：依据 GB/T 19964—2012《光伏发电站接入电力系统技术规定》，检测报告内容应按照国家或有关行业对光伏发电站并网运行制定的相关标准或规定进行，应包括但不仅限于以下内容：

（1）光伏发电站电能质量检测。

（2）光伏发电站有功/无功功率控制能力检测。

（3）光伏发电站低电压穿越能力验证。

（4）光伏发电站电压、频率适应能力验证。

查：专业人员对光伏电站运行特性是否清楚，现场有无检测报告。

144. 分布式电源应向电网调度机构提供哪些信号？

答：依据 NB/T 32015—2013《分布式电源接入配电网技术规定》，通过 10（6）kV～35kV 电压等级并网的分布式电源，在正常情况下，分布式电源向电网调度机构提供的信号至少应包括：

（1）电源并网状态、有功和无功输出、发电量。

（2）电源并网点母线电压、频率和注入电力系统的有功功率、无功功率。

（3）变压器分接头挡位、断路器和隔离开关状态。

查：专业人员是否清楚，分布式电源信号是否接入齐全。

145. 国调中心对调控分中心和省调新能源优先调度工作的评价依据是什么？

答：Q/GDW 11065—2013《新能源优先调度工作规范》规定，国调中心对调控分中心和省调新能源优先调度工作进行评价的依据包括：

（1）年度新能源优先调度计划编制流程单及年度新能源计划空间裕度。

（2）月度新能源优先调度计划编制流程单及月度新能源计划空间裕度。

（3）日前新能源优先调度计划编制流程单及负荷备用率，新能源功率预测值纳入计划的比例。

（4）调峰受限时段常规机组是否按最小技术出力运行。

（5）调峰受限时段联络线申请支援及落实情况记录。

（6）通道受限时段的输电断面利用率（受限时段断面平均传输功率/受限时段断面限额）在 90%以上。

查：专业人员是否对清楚，是否开展优先调度自评价工作。

146. 调度侧风电有功功率自动控制模式有哪些？

答：Q/GDW 11273—2014《风电有功功率自动控制技术规范》规定，调度侧风电有功功率自动控制模式包括：

（1）基点调节模式。控制指令由调度运行人员人工输入。

（2）计划调节模式。将调度中心离线制定的风电场发电计划下发风电场。

（3）实时调度模式。通过分钟级在线计算，实时给出各风电场的有功控制策略，并通过安全校核后下发至风电场，适用于调峰或断面约束等控制。

查：专业人员是否熟悉要求，调度侧风电有功功率控制模式是否齐全。

147. 风电场风功率预测误差要求有哪些？

答：依据 Q/GDW 588—2011《风电功率预测功能规范》规定，风电场短期预测月均方根误差应小于 20%，超短期预测第 4h 预测值月均方根误差应小于 15%。

查：查专业人员对风电场风功率预测误差要求是否清楚，风电场风功率预测准确度是否满足要求。

148. 光伏发电站运行时提交的实时气象信息有哪些？

答：依据 Q/GDW 1997—2013《光伏发电调度运行管理规范》规定，光伏发电站运行时应提交的实时气象信息包括：

（1）总辐射、直接辐射和散射辐射，时间间隔不大于 5min。

（2）湿度，时间间隔不大于 5min。

（3）环境温度和光伏电池板温度，时间间隔不大于 5min。

（4）风速、风向和气压，时间间隔不大于 5min。

（5）电网调度机构需要的其他实时气象信息。

查：查光伏发电站运行时提交的实时气象信息，是否有遗漏。

继电保护专业

149. 什么是继电保护的主保护和后备保护？

答： GB/T 14285—2006《继电保护和安全自动装置技术规程》规定，主保护是满足系统稳定和设备安全要求，能以最快速度有选择地切除被保护设备和线路故障的保护。后备保护是主保护或断路器拒动时，用来切除故障的保护。后备保护可分为远后备保护和近后备保护两种。远后备保护是当主保护或断路器拒动时，由相邻电力设备或线路保护来实现的后备保护。近后备保护是当主保护拒动时，由该电力设备或线路的另一套保护来实现后备的保护，当断路器拒动时，由断路器失灵保护来实现的后备保护。

查： 所管辖电网所有元件的主保护和后备保护是否满足配置要求。

150. 什么是继电保护装置的可靠性？怎样保证可靠性？

答： GB/T 14285—2006《继电保护和安全自动装置技术规程》规定，可靠性是指保护该动作时应动作，不该动作时不动作。为保证可靠性，宜选用性能满足要求、原理尽可能简单的保护方案，应采用由可靠的硬件和软件构成的装置，并应具有必要的自动检测、闭锁、告警等措施，并便于整定、调试和运行维护。

查： 所管辖范围内继电保护装置的运行情况是否存在不正常运行状态，继电保护缺陷是否及时处理。

151. 什么是继电保护的选择性？如何保证选择性？

答： GB/T 14285—2006《继电保护和安全自动装置技术规程》规定，选择性是指首先由故障设备或线路本身的保护切除故障，当故障设备或线路本身的保护或断路器拒动时，才允许由相邻设备、线路的保护或断路器失灵保护切除故障。为保证选择性，对相邻设备和线路有配合要求的保护和同一保护内有配合要求的两元件（如起动与跳闸元件、闭锁与动作元件），其灵敏系数及动作时间应相互配合。

查：继电保护整定配合是否满足选择性的要求。

152. 220～750kV 电网继电保护的运行整定应以什么为根本目标？应满足什么要求？

答：DL/T 559—2007《220kV～750kV 电网继电保护装置运行整定规程》规定，220～750kV 电网继电保护的运行整定应以保证电网全局的安全稳定运行为根本目标。应满足速动性、选择性和灵敏性的要求，如果由于电网运行方式、装置性能等原因，不能兼顾速动性、选择性和灵敏性的要求时，应在整定时合理地进行取舍，并执行如下原则：

（1）局部电网服从整个电网。

（2）下一级电网服从上一级电网。

（3）局部问题自行处理。

（4）尽量照顾局部电网和下一级电网的需要。

查：继电保护整定计算方案，在系统运行方式发生重大变化时是否及时校核定值。

153. 继电保护及安全自动装置整定范围如何划分？

答：依据 Q/GDW 11069—2013《省级及以上电网继电保护整定计算管理规定》和《国家电网调度控制管理规程》（国家电网调〔2014〕1405 号）中的规定，继电保护和安全自动装置的整定计算范围应与调度管辖范围一致（含上级调度授权），不一致时应有明确的文件要求。发变组保护定值计算由发电厂负责，涉网定值部分应报所接入电网调控机构备案；发变组中性点零序电流保护定值应按照调控机构下达的限值执行。系统安全稳定装置的定值应由相关调度机构系统运行专业整定下达。

查：继电保护整定计算范围划分是否满足规定要求。

154. 微机继电保护装置选型有什么要求？

答：DL/T 587—2007《微机继电保护装置运行管理规程》对微机继电保护装置选型要求如下：

（1）应选用经电力行业认可的检验机构检测合格的微机继电保护装置。

（2）应优先用原理成熟、技术先进、制造质量可靠，并在国内同等或更高的电压等级有成功运行经验的微机继电保护装置。

（3）选择微机保护装置时，应充分考虑技术因素所占的比重。

（4）选择微机保护装置时，在本电网的运行业绩应作为重要的技术指标予以考虑。

（5）同一厂站内同类型微机继电保护装置宜选用同一型号，以利于运行人员操作、维护校验和备品备件的管理。

（6）要充分考虑制造厂商的技术力量、质保体系和售后服务情况。

查：所管辖电网内的微机保护装置是否存在选型不当的问题。

155. 继电保护全过程管理包括哪些环节？

答： Q/GDW 768—2012《继电保护全过程管理标准》规定，继电保护的全过程管理包括对继电保护的规划、设计、设备招投标、基建（安装调试）、验收、整定计算、运行维护、设备入网、反事故措施、技术改造、并网电厂及高压用户涉网部分的管理，涵盖了继电保护的全周期全寿命管理。

查： 所管辖电网内继电保护的管理是否存在"死角"，是否满足全过程管理的要求。

156. 新入网运行的继电保护装置应满足什么要求？

答： Q/GDW 768—2012《继电保护全过程管理标准》规定，新入网运行的继电保护装置应满足国家电网公司继电保护设备标准化要求，经过国家或行业检测中心的检测试验，装置软件及其 ICD 文件应通过公司组织的专业检测及 ICD 模型工程应用标准化检测，有相应电压等级或更高电压等级电网试运行经验，并经电网调度部门复核。

查： 所管辖电网内新投运继电保护设备是否符合上述要求。

157. 继电保护双重化配置应满足哪些基本要求？

答：《国家电网公司十八项电网重大反事故措施》（国家电网生〔2012〕352 号）规定，双重化配置的继电保护应满足以下基本要求：

（1）两套保护装置的交流电流应分别取自电流互感器

互相独立的绕组；交流电压宜分别取自电压互感器互相独立的绕组。其保护范围应交叉重叠，避免死区。

（2）两套保护装置的直流电源应取自不同蓄电池组供电的直流母线段。

（3）两套保护装置的跳闸回路应与断路器的两个跳闸线圈分别一一对应。

（4）两套保护装置与其他保护、设备配合的回路应遵循相互独立的原则。

（5）每套完整、独立的保护装置应能处理可能发生的所有类型的故障。两套保护之间不应有任何电气联系，当一套保护退出时不应影响另一套保护的运行。

（6）220kV 及以上电压等级线路纵联保护的通道（含光纤、微波、载波等通道及加工设备和供电电源等）、远方跳闸及就地判别装置应遵循相互独立的原则按双重化配置。

（7）330kV 及以上电压等级输变电设备的保护应按双重化配置。220kV 电压等级线路、变压器、高压电抗器、串联补偿器、滤波器等设备微机保护应按双重化配置。除终端负荷变电站外，220kV 及以上电压等级变电站的母线保护应按双重化配置。

查：所管辖电网输变电设备是否按双重化相关要求配置继电保护装置。

158. 微机继电保护装置实行状态检修后怎样确定例行检验周期？

答：Q/GDW 1806—2013《继电保护状态检修导则》规

定，继电保护实行状态检修在投产后 1 年内应开展投运后第一次全部检验；状态检修的基准周期为 5 年，根据设备状态评价结果延长或缩短检修周期，最长不超过 6 年，即每隔 6 年至少保证开展 1 次例行试验；在一次设备停电时，继电保护及二次回路宜根据需要进行检修。

查：继电保护装置及二次回路在投产后 1 年内是否开展首检；是否存在超过 6 年未检验的保护设备。

159. 继电保护有哪些运行状态？

答：《国家电网调度控制管理规程》（国家电网调〔2014〕1405 号）和 Q/GDW 11024—2013《智能变电站继电保护和安全自动装置运行管理导则》中规定，继电保护运行状态可分为投入、退出两种状态或跳闸、信号和停用三种状态。投入（跳闸）状态是指继电保护功能压板、出口压板（包括跳各断路器的跳闸压板、合闸压板及起动重合闸、起动失灵保护、起动远跳的压板）等按正常方式投入，继电保护正常发挥作用。退出（信号）状态是指继电保护出口压板退出。

查：现场运行规程、典型操作票中的保护状态定义和压板操作内容是否正确。

160. 什么情况下应停用整套微机保护装置？

答：DL/T 587—2007《微机继电保护装置运行管理规程》规定，以下情况应停用整套微机保护装置：

（1）装置使用的交流电压、交流电流、开关量输入、输出回路作业。

（2）装置内部作业。

（3）继电保护人员输入定值影响装置运行时。

查：所管辖电网保护装置计划停运和非计划停运情况。

161. 微机继电保护在运行中需要切换已固化好的成套定值时的注意事项有哪些？

答：DL/T 587—2007《微机继电保护装置运行管理规程》规定，微机继电保护在运行中需要切换已固化好的成套定值时，由现场运行人员按照规定的方法改变定值，此时不必停用微机继电保护装置，但应立即显示（打印）新定值，并与主管调度核对定值单。

查：结合电网一次系统运行方式的变化，定期编制、修改继电保护运行规程、规定，明确规定保护装置的投、退及定值的切换。

162. 微机继电保护定值单现场执行后的核对有什么要求？

答：Q/GDW 11069—2013《省级及以上电网继电保护整定计算管理规定》规定，现场定值执行时，运行维护单位继电保护人员应与运维人员详细核对装置定值。现场定值执行结束后，运行维护单位运维人员和继电保护人员均应在定值单及回执单上签字，运维人员还应和调控机构值班调度人员核对定值单编号，并在各自定值单上签字、记录定值执行日期和情况。如果定值单采用 OMS 电子流转，则上述人员按照职责分工，核对完毕后，完成电子签名。

查：所管辖电网内微机继电保护定值单的核对是否满

足上述要求。

163. 智能变电站的含义是什么？

答：GB/T 30155—2013《智能变电站技术导则》规定，智能变电站指采用可靠、经济、集成、节能、环保的设备与设计，以全站信息数字化、通信平台网络化、信息共享标准化、系统功能集成化、结构设计紧凑化、高压设备智能化和运行状态可视化等为基本要求，能够支持电网实时在线分析和控制决策，进而提高整个电网运行可靠性及经济性的变电站。

查：智能变电站继电保护有关内容的掌握情况。

164. 智能变电站的体系结构包含几部分？各部分包含哪些设备？

答：GB/T 30155—2013《智能变电站技术导则》规定，智能变电站的通信网络和系统按逻辑功能划分为过程层、间隔层和站控层。其中，过程层设备包括变压器、高压开关设备、电流/电压互感器等一次设备及其所属的智能组件以及独立的 IED 等。间隔层设备包括继电保护装置、测控装置、安全自动装置、一次设备的主 IED 装置等。站控层设备包括监控主机、综合应用服务器、数据通信网关机等。

查：智能变电站继电保护有关内容的掌握情况。

165. 智能变电站中对继电保护装置的压板有什么规定？哪些保护操作可以远方完成？

答：Q/GDW 11024—2013《智能变电站继电保护和安全

自动装置运行管理导则》和 Q/GDW 1161—2014《线路保护及辅助装置标准化设计规范》中规定，智能变电站继电保护装置只设"远方操作"和"保护检修状态"硬压板，其余全部采用软压板，满足远方操作双确认技术要求。运维人员操作软压板（包括 GOOSE 软压板、SV 软压板、保护功能软压板等）时，一般通过远方或当地监控系统完成。除规定的保护投退、切换定值区、复归保护信号等操作外，不允许运维人员在远方或当地监控系统更改继电保护装置的其他参数设置。

查：智能变电站保护压板设置和操作是否满足要求。

166. 什么是保护远方操作"双确认"要求？

答：《继电保护和安全自动装置远方操作技术规范》（调继〔2015〕71 号）规定，继电保护和安全自动装置远方操作时，至少应有两个指示发生对应变化，且所有这些确定的指示均已同时发生对应变化，才能确认该设备已操作到位。

查：保护远方操作是否满足"双确认"技术要求。

167. 运维人员对智能变电站保护设备的巡视应包括哪些内容？

答：Q/GDW 11024—2013《智能变电站继电保护和安全自动装置运行管理导则》规定，运维人员应定期对继电保护系统的设备及回路进行巡视，并做好记录。正常巡视以远程巡视和现场巡视相结合的形式，具体要求如下：

（1）远程巡视内容主要包括继电保护运行环境（温度、

湿度等）、保护设备告警信息、保护设备通信状态、软压板控制模式、压板状态、定值区号等。

（2）现场巡视内容主要包括继电保护运行环境、外观、压板及把手状态、时钟、装置显示信息、定值区及定值、装置通讯状况、打印机工况等。

（3）现场巡视时，检查智能控制柜、端子箱、汇控柜的温度、湿度、防水、防潮、防尘等性能满足相关标准要求，确保智能控制柜、端子箱、汇控柜内的智能终端、合并单元、继电保护装置等智能电子设备的安全可靠运行。

查：现场运行巡视内容和记录是否满足要求。

168. 间隔合并单元异常处理时应注意哪些事项？

答：Q/GDW 11024—2013《智能变电站继电保护和安全自动装置运行管理导则》规定，间隔合并单元异常时，相关联装置出现报警信息。若合并单元双套配置，应退出相应的母线保护、本间隔保护及受其影响不能正常运行的相关智能电子设备，当单套异常时，可不停运相关一次设备；若合并单元单套配置，对应一次设备应停电，并退出母线保护相应间隔。

查：智能变电站现场运行规程和缺陷处理记录是否满足要求。

169. 什么是智能终端？智能终端如何配置？

答：Q/GDW 441—2010《智能变电站继电保护技术规范》规定，智能终端是与一次设备采用电缆连接，与保护、测控等二次设备采用光纤连接，实现对一次设备（如断路器、隔离开关、主变压器等）测量、控制等功能的一种智能组件。智能终端应按照以下原则配置：

（1）220kV 及以上电压等级智能终端按断路器双重化配置，每套智能终端包含完整的断路器信息交互功能。

（2）智能终端不设置防跳功能，防跳功能由断路器本体实现。

（3）220kV 及以上电压等级变压器各侧的智能终端均按双重化配置；110kV 变压器各侧智能终端宜按双套配置。

（4）每台变压器、高压并联电抗器配置一套本体智能终端，本体智能终端包含完整的变压器、高压并联电抗器本体信息交互功能，并可提供用于闭锁调压、启动风冷、启动充氮灭火等出口接点。

（5）智能终端采用就地安装方式，放置在智能控制柜中，跳合闸出口回路应设置硬压板。

查：智能变电站智能终端配置是否满足要求。

170. 继电保护标准化设计对保护设备哪些方面进行了规范和统一？

答：Q/GDW 1161—2014《线路保护及辅助装置标准化设计规范》规定，继电保护标准化设计对保护及相关设备的输入/输出量、压板设置、装置端子（虚端子）、通信接口类型与数量、报告和定值、技术原则、配置原则、组屏（柜）方案、端子排设计、二次回路设计进行了规范，提高了继电保护装置的标准化水平。

查：现场设计、装置是否积极推广执行继电保护标准化设计规范。

171. 标准化设计线路保护有哪几种重合闸方式？

答： Q/GDW 1161—2014《线路保护及辅助装置标准化设计规范》规定，标准化设计线路保护重合闸方式通过控制字实现，有单相重合闸、三相重合闸、禁止重合闸、停用重合闸四种方式。

查： 标准化设计线路保护技术应用和掌握情况。

172. 国家电网公司标准化设计线路保护对断路器本体机构有什么要求？

答： Q/GDW 1161—2014《线路保护及辅助装置标准化设计规范》中对断路器本体机构要求如下：

（1）三相不一致保护功能宜由断路器本体机构实现。

（2）断路器防跳功能应由断路器本体机构实现。

（3）断路器跳、合闸压力异常闭锁功能应由断路器本体机构实现，应能提供两组完全独立的压力闭锁触点。

查： 与国家电网公司标准化设计线路保护配合的断路器本体机构是否具备三相不一致保护和防跳功能，压力闭锁回路是否双重化。

173. 保护直跳回路应满足什么要求？

答： Q/GDW 1161—2014《线路保护及辅助装置标准化设计规范》中对电缆直跳回路的要求如下：

（1）对于可能导致多个断路器同时跳闸的直跳开入，应采取措施防止直跳开入的保护误动作。例如在开入回路中装设大功率抗干扰继电器，或者采取软件防误措施。

（2）大功率抗干扰继电器的启动功率应大于 5W，动作电压为额定直流电源电压的 55%～70%，额定直流电源电压下动作时间为 10～35ms，应具有抗 220V 工频电压干扰的能力。

（3）当传输距离较远时，可采用光纤传输跳闸信号。

查：所管辖范围内的直跳回路是否满足相关要求。

174. 220～500kV 电网的线路保护振荡闭锁应满足什么要求？

答：GB/T 14285—2006《继电保护和安全自动装置技术规程》规定，220～500kV 电网的线路保护振荡闭锁应满足以下要求：

（1）系统发生全相和非全相振荡，保护装置不应误动跳闸。

（2）系统在全相或非全相振荡过程中，被保护线路如果发生各种类型的不对称故障，保护装置应有选择性地动作跳闸，纵联保护仍应快速动作。

（3）系统在全相振荡过程中发生三相故障，故障线路的保护装置应可靠动作跳闸，并允许带短延时。

查：所管辖范围内的保护装置，是否满足振荡闭锁的相关要求。

175. 对保护装置所用 $3U_0$ 电压有何要求？

答：GB/T 14285—2006《继电保护和安全自动装置技

术规程》规定，技术上无特殊要求及无特殊情况时，保护装置中的零序电流方向元件应采用自产零序电压，不应接入电压互感器的开口三角电压。

查：所管辖范围内新投入的保护装置使用的 $3U_0$ 回路是否符合要求；对于使用开口三角 $3U_0$ 电压的保护，应检查其 $3U_0$ 极性是否正确。

176. 继电保护故障信息管理系统对于故障信息的传送原则是什么？

答：GB/T 14285—2006《继电保护和安全自动装置技术规程》规定，继电保护故障信息管理系统对于故障信息的传送原则如下：

（1）全网的故障信息，必须在时间上同步。在每一事件报告中应标定事件发生的时间。

（2）传送的所有信息，均应采用标准规约。

查：所管辖电网内继电保护故障信息管理系统是否满足上述要求。

177. 继电器和保护装置的直流工作电压有什么要求？

答：GB/T 14285—2006《继电保护和安全自动装置技术规程》规定，继电器和保护装置的直流工作电压，应保证外部电源在 80%～115%额定电压条件下可靠工作。

查：所管辖范围内的继电保护装置是否满足相关要求。

178. 继电保护装置动作行为报告应记录哪些内容？

答：Q/GDW 1161—2014《线路保护及辅助装置标准化

设计规范》规定，保护装置应能记录相关保护动作信息，保留 8 次以上最新动作报告。每个动作报告至少应包含故障前 2 个周波、故障后 6 个周波的数据。保护动作行为记录的内容应包括：

（1）保护启动及动作过程中各相关元件动作行为、动作时序和开关量输入/输出的变位情况记录，故障相电压、电流幅值，故障测距结果等。

（2）故障录波波形和开关量信息。

（3）与本次动作相关的保护定值清单。

（4）启动时压板状态可单独列出。

查： 所管辖范围内的继电保护装置是否满足相关要求。

179. 使用单相重合闸线路的继电保护装置有什么要求？

答： GB/T 14285—2006《继电保护和安全自动装置技术规程》规定，使用单相重合闸线路的继电保护装置，应具有在单相跳闸后至重合前的两相运行过程中，健全相再故障时快速动作三相跳闸的保护功能。

重合闸过程中出现的非全相运行状态，如引起本线路或其他线路的保护装置误动作时，应采取措施予以防止。

如电力系统不允许长期非全相运行，为防止断路器一相断开后，由于单相重合闸装置拒绝合闸而造成非全相运行，应具有断开三相的措施，并应保证选择性。

查： 所管辖范围内的继电保护装置是否满足相关要求。

180. 失灵保护动作跳闸应满足什么要求？

答：GB/T 14285—2006《继电保护和安全自动装置技术规程》规定，失灵保护动作跳闸应满足如下要求：

（1）对具有双跳闸线圈的相邻断路器，应同时动作于两组跳闸回路。

（2）对远方跳对侧断路器的，宜利用两个传输通道传送跳闸命令。

（3）应闭锁重合闸。

查：所管辖范围内的失灵保护跳闸回路是否满足相关要求。

181. 继电保护动作与厂站自动化系统的配合及接口应满足什么要求？

答：GB/T 14285—2006《继电保护和安全自动装置技术规程》规定，应用于厂站自动化系统中的数字式保护装置功能应相对独立，并应具有数字通信接口能与厂站自动化系统通信，具体要求如下：

（1）数字式保护装置及其出口回路应不依赖于厂、站自动化系统，能独立运行。

（2）数字式保护装置逻辑判断回路所需的各种输入量应直接接入保护装置，不宜经厂、站自动化系统及其通信网转接。

查：所管辖范围内的保护是否满足相关要求。

182. 保护装置对于互感器二次断线等不正常状况应满足什么要求？

答：GB/T 14285—2006《继电保护和安全自动装置技

术规程》规定，保护装置对于互感器二次断线等不正常状况应满足如下要求：

（1）保护装置在电压互感器二次回路一相、两相或三相同时断线、失压时，应发告警信号，并闭锁可能误动的保护。

（2）保护装置在电流互感器二次回路不正常或断线时，应发告警信号，除母线保护外，允许跳闸。

查：所管辖范围内的保护装置是否满足相关要求。

自动化专业

183. GB/T 31464—2015《电网运行准则》中对机组一次调频死区是如何要求的？

答： GB/T 31464—2015《电网运行准则》中规定，电液型汽轮机调节控制系统的火电机组和燃机死区控制在±0.033Hz内。机械、液压调节控制系统的火电机组和燃机死区控制在±0.1Hz内。水电机组死区控制在±0.05Hz内。

查： 对 GB/T 31464—2015《电网运行准则》中机组一次调频相关要求的熟悉程度。

184. 自动化管理部门和子站运行维护部门应制订的自动化系统运行管理制度包括哪些内容？

答： 按照 DL/T 516—2016《电力调度自动化系统运行管理规程》要求，自动化管理部门和子站运行维护部门应制订相应的自动化系统运行管理制度，内容应包括运行值班和交接班、机房管理、设备和功能停复役管理、缺陷管理、检修管理、安全管理、厂站接入管理等。

查： 是否具备运行值班和交接班、机房管理、设备和功能投运和退役管理、缺陷管理、检修管理、安全管理、新设备移交运行管理制度等，制度是否全面严谨。

185. DL/T 516—2016《电力调度自动化系统运行管理规程》中要求在主站进行系统运行维护时应注意什么？

答： 按照 DL/T 516—2016《电力调度自动化系统运行管理规程》要求，主站在进行系统运行维护时，如可能影响电网调度或设备监控业务时，自动化值班人员应提前通知值班调度员或监控员，获得准许后方可进行；如可能影响向相关调控机构传送自动化信息时，应提前通知相关调控机构自动化值班人员；如可能影响上级调度自动化信息时，须获得上级自动化值班人员准许后方可进行。对于影响较大的工作，应提前办理有关工作申请。

查：检修票及自动化运行维护记录，是否按照 DL/T 516—2016《电力调度自动化系统运行管理规程》要求执行。

186. DL/T 516—2016《电力调度自动化系统运行管理规程》要求凡对运行中的自动化系统作重大修改时应履行哪些程序？

答：按照 DL/T 516—2016《电力调度自动化系统运行管理规程》要求，凡对运行中的自动化系统作重大修改，均应经过技术论证，提出书面改进方案，经主管领导批准和相关调控机构确认后方可实施。技术改进后的设备和软件应经过 3 至 6 个月的试运行，验收合格后方可正式投入运行，同时对相关技术人员进行培训。

查：自动化设备运行维护记录，对重大修改的项目，检查技术方案、验收报告及培训记录。

187. 在自动化设备的选购时，DL/T 516—2016《电力调度自动化系统运行管理规程》对质量检测合格证有何要求？

答：DL/T 516—2016《电力调度自动化系统运行管理规程》中规定，在厂站监控系统、RTU、电能量远方终端、各类电工测量变送器、交流采样测控装置、PMU、监控系

统安全防护设备、时间同步装置等自动化设备的选购时，
应取得国家有资质的电力设备检测部门颁发的质量检测
合格证后方可使用。

查：现场远动设备是否具有国家有资质的电力检测部
门颁发的质量检测合格证。

188. 自动化系统及设备检验措施有哪几种？

答：DL/T 516—2016《电力调度自动化系统运行管理规
程》中规定，设备的检验分为三种：

（1）新安装设备的验收检验。

（2）运行中设备的定期检验。

（3）运行中设备的补充检验。

查：新安装设备的验收检验、运行中设备的定期检验及
运行中设备的补充检验报告。

189. 自动化系统和设备检修管理有哪几种方式？如何定义？

答：DL/T 516—2016《电力调度自动化系统运行管理规
程》中规定，自动化系统和设备的检修分为计划检修、临时
检修和故障抢修。计划检修是指纳入年度计划和月度计划的
检修工作；临时检修是指须及时处理的重大设备缺陷和隐患
等；故障抢修是指系统和设备发生危急缺陷等须立即进行抢
修恢复的工作。

查：对自动化系统和设备检修管理的分类及定义是否
清楚。

190. 智能电网调度技术支持系统的"一个平台,四大应用"所包括哪些具体内容?

答:Q/GDW 680.1—2011《智能电网调度技术支持系统第 1 部分:体系架构及总体要求》中规定,一个平台为基础平台;四大应用为实时监控与预警类(RTS)、调度计划类(OPS)、安全校核类(SCS)、调度管理类(OMS)。

查:智能电网调度技术支持系统的建设应当符合国家电网公司有关标准的要求,为调度、监控、调度计划、系统运行、继电保护等专业提供综合、全面的信息。

191. Q/GDW 1140—2014《交流采样测量装置运行检验规程》中规定的交流采样测量装置运行检验要求是什么?

答:Q/GDW 1140—2014《交流采样测量装置运行检验规程》中规定的交流采样测量装置运行检验要求管理如下:

(1)投入运行的交流采样测量装置,应纳入电测技术监督范围,明确专责维护人员,建立相应的运行维护记录。

(2)运行中的交流采样测量装置参数的变更,按有关规程规定,应征得对其有调度管辖权的调控机构同意,并通知相关调度。

查:交流采样测量装置的管理规程规定。查调控机构所管辖范围内交流采样测量装置参数变更的流程记录。检验报告和记录是否在调控机构备案。

192. Q/GDW 1140—2014《交流采样测量装置运行检验规程》中规定的投运交流采样测量装置的资料应包括哪些?

答:Q/GDW 1140—2014《交流采样测量装置运行检验

规程》中规定的投运装置应具备的资料如下：

（1）出厂检验报告、出厂整定参数、使用手册、采样校准方法等。

（2）竣工安装图、电缆清册和安装调试报告、与现场相符的安装接线图和二次回路接线图等。

（3）历次检验报告、变更记录。

（4）运行维护记录，主要包括停用、投入、故障、检查、缺陷处理、运行情况分析记录、维护人员及环境条件等。

（5）交流采样测量装置的周期检验计划等。

查：运行维护机构所负责维护范围内交流采样测量装置的资料是否齐全。

193. 顺序控制中对操作对象设备的要求是什么？

答：依据 Q/GDW 11153—2014《智能变电站顺序控制技术导则》规定，顺序控制中对操作对象设备的要求如下：

（1）实现顺序控制操作的断路器、隔离开关、接地开关应具备遥控操作功能，其位置信号的采集采用双辅助接点信号。

（2）实现顺序控制操作的变电站设备应具备完善的防误闭锁功能。

（3）实现顺序控制操作的变电站保护设备应具备远方投退软压板及远方修改定值区功能。

（4）实现顺序控制操作的封闭式电气设备（无法进行直接验电），其线路出口应安装运行稳定可靠的带电显示装置，反映线路带电情况并具备相关遥信功能。

（5）实现顺控操作的变电站母联断路器操作电源应具

备遥控操作功能。

查：实际应用中的操作对象设备是否满足 Q/GDW 11153—2014《智能变电站顺序控制技术导则》的相关规定。

194. 智能变电站测控装置应具备哪些功能？

答：依据 Q/GDW 1876—2013《多功能测控装置技术规范》规定，测控单元应具有交、直流及数字量采样功能、状态量采集功能、控制功能、同期检测、逻辑闭锁、对时等功能，实现实时数据采集、处理和远方、就地操作控制。其基本功能包括：

（1）量测量、状态采集。

（2）控制功能。

（3）同期功能。

（4）逻辑闭锁功能。

（5）通信要求。

（6）对时功能。

（7）电能质量监测。

（8）电能量监测。

查：智能变电站测控装置是否满足 Q/GDW 1876—2013《多功能测控装置技术规范》的要求。

195. 远程浏览的具体要求有哪些？

答：依据 Q/GDW 678—2011《智能变电站一体化监控系统功能规范》，远程浏览应满足如下要求：

（1）数据通信网关机应为调度（调控）中心提供远程浏览和调阅服务。

（2）远程浏览只允许浏览，不允许操作。

（3）远程浏览内容包括一次接线图、电网实时运行数据、设备状态等。

（4）远程调阅内容包括历史记录、操作记录、故障综合分析结果等信息。

查：一体化监控系统远程浏览是否满足 Q/GDW 678—2011《智能变电站一体化监控系统功能规范》的要求。

196. 告警直传的技术要求有哪些？

答：依据 Q/GDW 11021—2013《变电站调控数据交互规范》，告警直传的技术要求有：

（1）变电站告警直传应具备同时上送至多个调控中心的能力。

（2）变电站与调控中心链路恢复后，能补传中断期间的告警信息。

（3）变电站应根据调控中心要求响应特定时间、特定对象事件的召唤。

查：变电站内告警直传是否满足 Q/GDW 11021—2013《变电站调控数据交互规范》的技术要求。

197. 变电站调控数据交互原则及要求有哪些？

答：依据 Q/GDW 11021—2013《变电站调控数据交互规范》，变电站调控交互数据包含调度监控实时数据、告警直传信息、远程浏览信息。变电站调控数据交互应遵循"告警直传，远程浏览，数据优化，认证安全"的技术原则，主要要求如下：

（1）变电站调度监控实时数据应分类、优化后上传，并满足准确性、可靠性、实时性要求。

（2）变电站监控系统应对站内各类信息进行综合分析，自动生成告警信息，并上传至调控中心。

（3）变电站应提供标准格式的图形文件和实时数据，满足远端用户浏览访问的要求。

（4）变电站应具有对调控中心发送的远程操作指令进行安全认证的功能。

查：变电站调控交互数据是否满足 Q/GDW 11021—2013《变电站调控数据交互规范》的要求。

198. 一体化监控系统防误闭锁的具体要求有哪些?

答：依据 Q/GDW 678—2011《智能变电站一体化监控系统功能规范》，防误闭锁功能应满足如下要求：

（1）防误闭锁分为三个层次，即站控层闭锁、间隔层联闭锁和机构电气闭锁。

（2）站控层闭锁宜由监控主机实现，操作应经过防误逻辑检查后方能将控制命令发至间隔层，如发现错误应闭锁该操作。

（3）间隔层联闭锁宜由测控装置实现，间隔间闭锁信息宜通过 GOOSE 方式传输。

（4）机构电气闭锁实现设备本间隔内的防误闭锁，不设置跨间隔电气闭锁回路。

（5）站控层闭锁、间隔层联闭锁和机构电气闭锁属于串联关系，站控层闭锁失效时不影响间隔层联闭锁，站控层和间隔层联闭锁均失效时不影响机构电气闭锁。

查：一体化监控系统防误闭锁是否满足 Q/GDW 678—2011《智能变电站一体化监控系统功能规范》的要求。

199. 智能变电站一体化监控系统的系统及网络结构是什么？

答：依据 Q/GDW 679—2011《智能变电站一体化监控系统建设技术规范》，智能变电站一体化监控系统由站控层、间隔层、过程层设备和站控层网络、间隔层网络、过程层网络组成。

各层设备主要包括：

（1）站控层设备包括监控主机、数据通信网关机、数据服务器、综合应用服务器、操作员站、工程师工作站、PMU数据集中器和计划管理终端等。

（2）间隔层设备包括继电保护装置、测控装置、故障录波装置、网络记录分析仪及稳控装置等。

（3）过程层设备包括合并单元、智能终端、智能组件等。

网络结构包括：

（1）站控层网络。间隔层设备和站控层设备之间的网络，实现站控层内部以及站控层与间隔层之间的数据传输。

（2）间隔层网络。用于间隔层设备之间的通信，与站控层网络相连。

（3）过程层网络。间隔层设备和过程层设备之间的网络，实现间隔层设备与过程层设备之间的数据传输。

查：一体化监控系统是否符合 Q/GDW 679—2011《智能变电站一体化监控系统建设技术规范》的要求。

200. 监控系统遥控操作的安全要求有哪些？

答： 依据 Q/GDW 678—2011《智能变电站一体化监控系统功能规范》，监控系统遥控操作的安全要求包括：

（1）操作必须在具有控制权限的工作站上进行。

（2）操作员必须有相应的操作权限。

（3）双席操作校验时，监护员需确认。

（4）操作时每一步应有提示。

（5）所有操作都有记录，包括操作人员姓名、操作对象、操作内容、操作时间、操作结果等，可供调阅和打印。

查： 遥控操作是否满足 Q/GDW 678—2011《智能变电站一体化监控系统功能规范》的相关规定。

201. 变电站监控系统现场验收的必备条件有哪些？

答： 依据 Q/GDW 1214—2014《变电站计算机监控系统现场验收管理规程》，变电站监控系统现场验收的必备条件有：

（1）验收工作组已成立。

（2）SAT 大纲已审定。

（3）工程项目所需的设计图纸（现场二次接线及二次设备分布图）已完成并经双方确认。

（4）监控系统和设备已完成了工厂验收，并在现场安装调试完毕（包括在 FAT 时未接入的设备与子系统），信息表配置完成。调试单位完成自验收工作，并提供自验收报告。

（5）测试所需的仪器设备和工具等已准备就绪，其技术性能指标应符合相关规程的规定，其中的计量仪器应经电力行业认可的有资格的计量部门或法定授权的单位检定/校准合格，并在有效期之内。

（6）变电站到相关调度端的通信通道已开通，并满足有关技术要求；或采用模拟主站的方式，与相关调度端的信息调试已完成，并达到调度端的要求。

查：变电站监控系统现场验收是否符合 Q/GDW 1214—2014《变电站计算机监控系统现场验收管理规程》的相关规定。

202. 国家发展与改革委员会第 14 号令《电力监控系统安全防护规定》中电力监控系统具体包括哪些系统？

答：《电力监控系统安全防护规定》（国家发展改革委 2014 年第 14 号令）中规定，电力监控系统具体包括电力数据采集与监控系统、能量管理系统、变电站自动化系统、换流站计算机监控系统、发电厂计算机监控系统、配电自动化系统、微机继电保护和安全自动装置、广域相量测量系统、负荷控制系统、水调自动化系统和水电梯级调度自动化系统、电能量计量系统、实时电力市场的辅助控制系统、电力调度数据网络等。

查：电力监控系统安全防护落实情况及监管范围。

203. 当受到网络攻击，生产控制大区的电力监控系统出现异常或者故障时，应如何处理？

答：《电力监控系统安全防护规定》（国家发展改革委 2014 年第 14 号令）中规定，当受到网络攻击，生产控制大区的电力监控系统出现异常或者故障时，应当立即向其上级电力调控机构以及当地国家能源局派出机构报告，并联合采取紧急防护措施，防止事态扩大，同时应当注意保护现场，以便进行调查取证。

查：IDS 系统记录，事故处理及缺陷记录，应急预案执行过程。

204. 什么是电力监控系统？电力监控系统安全防护的主要原则是什么？

答：《电力监控系统安全防护规定》（国家发展改革委2014 年第 14 号令）中规定，电力监控系统是指用于监视和控制电力生产及供应过程的、基于计算机及网络技术的业务系统及智能设备，以及作为基础支撑的通信及数据网络等。电力监控系统安全防护工作的主要原则是"安全分区、网络专用、横向隔离、纵向认证"。

查：电力监控系统安全防护方案及实施情况。

205. 电力监控系统安全防护中专用横向单向安全隔离装置如何部署？

答：《电力监控系统安全防护规定》（国家发展改革委2014 年第 14 号令）中规定。

在生产控制大区与管理信息大区之间必须设置经国家指定部门检测认证的电力专用横向单向安全隔离装置。

生产控制大区内部的安全区之间应当采用具有访问控制功能的设备、防火墙或者相当功能的设施，实现逻辑隔离。

安全接入区与生产控制大区中其他部分的连接处必须设置经国家指定部门检测认证的电力专用横向单向安全隔离装置。

查：正向安全隔离装置、反向安全隔离装置的部署情况。

206. 电力监控系统安全分区是如何划分的?

答：《电力监控系统安全防护规定》（国家发展改革委2014年第14号令）中规定，发电企业、电网企业内部基于计算机和网络技术的业务系统，应当划分为生产控制大区和管理信息大区。生产控制大区可以分为控制区（安全区Ⅰ）和非控制区（安全区Ⅱ）；管理信息大区内部在不影响生产控制大区安全的前提下，可以根据各企业不同安全要求划分安全区。根据应用系统实际情况，在满足总体安全要求的前提下，可以简化安全区的设置，但是应当避免形成不同安全区的纵向交叉连接。

查：安全分区划分情况。

207.《国家电网公司省级以上备用调度运行管理工作规定》中规定的备调工作模式有哪些?

答：《国家电网公司省级以上备用调度运行管理工作规定》（国网（调/4）340—2014）中规定的备调工作模式有：

（1）正常工作模式。正常工作模式是指主调和备调正常履行各自的调控职能，主调行使电网调控指挥权，备调值班设施正常运行，备调通信自动化等技术支持系统处于实时运行状态，为主调提供容灾备用。

（2）应急工作模式。应急工作模式是指因突发事件，主调无法正常履行调控职能，按照备调启用条件、程序和指令，主调人员在备调行使电网调控指挥权。

（3）过渡期工作模式。过渡期工作模式是指在主调因外力原因，临时不能完全或部分履行电网调控职能，在主调人员赶赴备调的过渡时期，由备调值班人员暂时接管电网调控部分或全部业务。

查：月度、季度、年度演练实施情况。备调实施专业评估和总体评估报告。备调配置的技术及管理资料。

208. 电网调度控制系统的遥控操作基本功能应满足什么要求？

答：《调度控制远方操作自动化技术规范》（调自〔2014〕81号）中规定，电网调度控制系统对遥控操作基本功能的技术要求为：

（1）应支持断路器和隔离开关的分合、变压器分接头的调节、无功补偿装置的投/退和调节、二次设备软压板的投/退、远方控制装置（就地或远方模式）的投/切、保护装置定值区切换等遥控操作。

（2）应支持单设备控制、序列控制、群控、程序化操作等遥控种类。

（3）应支持按照限定的"选择—返校—执行"步骤进行遥控操作。

（4）应具备间隔图遥控操作功能，且能够闭锁在厂站一次接线图、电网潮流图等非间隔图上直接进行的遥控操作；间隔图应布局合理，能够清晰显示开关遥测和遥信信息，为开关位置的判断提供全面、准确的判据。

查：所应用的调度控制系统的遥控操作基本功能是否满足相关要求。

209. 防止变电站全停对监控系统的运行管理有哪些具体要求？

答：《国家电网公司防止变电站全停十六项措施》（国家电网运检〔2015〕376 号）规定，防止变电站全停对监控系统的运行管理有如下要求：

（1）调度主站及变电站监控系统的遥控操作必须通过实际传动试验验证无误才能投入使用，防止误控断路器、隔离开关。

（2）应严格管控监控信息点表变更，规范监控信息点表管理，确保调度主站端和变电站端监控信息点表准确无误，防止信息错误。

（3）调控主站端对变电站的操作必须采用调度数字证书，规范权限管理及安全审计，加强用户名和密码管理，确保远方操作监护到位。

（4）变电站应加强自动化设备电源安全管理，防止自动化设备停电造成一次设备失去监控。

（5）加强变电站监控系统现场运维安全管理，避免因监控系统重启、软件升级等造成误控。

查：是否落实《国家电网公司防止变电站全停十六项措施》（国家电网运检〔2015〕376 号文件）中规定的要求。

设备监控管理专业

210. 设备监控管理基本原则是什么？

答：《国家电网调度控制管理规程》（国家电网调〔2014〕1405 号）规定，设备监控管理基本原则为：调控机构按监控范围开展变电设备运行集中监控、输变电设备状态在线监测与分析业务。设备监控管理主要包括变电站设备实时监控、监控信息管理、变电站集中监控许可管理、集中监控缺陷管理和监控运行分析评价等内容。

查： 设备监控管理基本原则是否明确，主要内容是否清楚。查各项工作的组织、落实情况。

211. 调控机构设备集中监视的职责是什么？

答：《国家电网公司调控机构设备集中监视管理规定》（国网（调/4）222—2014）规定，调控中心负责监控范围内变电站设备监控信息、输变电设备状态在线监测告警信息的集中监视。具体包括：

（1）负责通过监控系统监视变电站运行工况。

（2）负责监视变电站设备事故、异常、越限及变位信息。

（3）负责监视输变电设备状态在线监测系统告警信号。

（4）负责监视变电站消防、安防系统告警总信号。

（5）负责通过工业视频系统开展变电站场景辅助巡视。

查： 监控运行人员对《国家电网公司调控机构设备集中监视管理规定》（国网（调/4）222—2014）的贯彻和执行情况，检查监控运行日志相关记录是否真实、完整、清楚。

212. 设备监控（监测）信息管理有哪些要求？

答：《国家电网调度控制管理规程》（国家电网调〔2014〕

1405 号）规定，调控机构负责监控变电站设备监控信息表的制定和下发，输变电设备运维单位负责按规定落实，保证监控信息的规范、正确和统一。

调控机构负责监控范围变电站设备监控信息（包括输变电设备状态在线监测信息）的接入、变更和验收工作；输变电设备运维单位配合做好相关工作，保证遥测、遥信、遥控、遥调信息的正确性。

查：设备监控信息管理要求是否明确，检查实际组织、落实情况。

213. 设备监控信息告警是如何分级的？

答：依据 Q/GDW 11398—2015《变电站设备监控信息规范》，监控告警是监控信息在调度控制系统、变电站监控系统对设备监控信息处理后在告警窗出现的告警条文，是监控运行的主要关注对象，按对电网和设备影响的轻重缓急程度分为：事故、异常、越限、变位和告知五级。事故信息和变位信息应同时上送 SOE 信号。

查：智能电网调度控制系统中五级监控信息是否按要求进行正确分类，抽查信息告警情况。

214. 调控机构变电站监控信息的验收内容包括哪些？

答：依据《国家电网公司变电站设备监控信息接入验收管理规定》（国网（调/4）807—2016），调控机构变电站监控信息的验收内容主要包括技术资料、遥测、遥信、遥控（调）、监控画面及智能电网调度控制系统相关功能。

查：变电站监控信息相关资料是否齐全，是否发布，电网调度技术支持系统功能是否满足要求，画面、信息是否正确。

215. 变电站集中监控许可管理的要求是什么？

答：《国家电网调度控制管理规程》（国家电网调〔2014〕1405 号）规定，调控机构按监控范围实施变电站集中监控许可管理，严格执行申请、审核、验收、评估、移交的管理流程；相关调控机构按调度关系参与验收和评估工作；输变电设备运维单位负责提交许可申请，并配合开展相关工作。

查：变电站集中监控许可流程是否建立、上线流转，相关节点责任是否具体、明确，实际执行是否规范并安全内控。检查流程管理是否规范化、模型化和信息化，事中审计、事后监督评价考核工作是否闭环。

216. 新（改、扩）建变电站存在哪些情况时不应通过集中监控评估？

答：《国家电网公司变电站集中监控许可管理规定》（国网（调/4）808—2016）规定，存在下列影响正常监控的情况应不予通过集中监控评估：

（1）设备存在危急或严重缺陷。

（2）监控信息存在误报、漏报、频发现象。

（3）现场检查的问题尚未整改完成，不满足集中监控技术条件。

（4）其他严重影响正常监控的情况。

查：变电站集中监控试运行情况，对变电站集中监控试运行情况进行分析评估，评估包括变电站基本情况、变电站现场检查情况、变电站试运行情况、调控中心监控移交准备工作情况等内容。

217. 调控中心对变电站设备监控信息专业管理的职责是什么？

答：《国家电网公司变电站设备监控信息管理规定》（国网（调/4）806—2016）规定，调控中心是变电站设备监控信息专业管理的归口部门，并履行以下职责：

（1）组织制订变电站设备监控信息技术规范和管理规定，并协调、监督有关部门和单位落实。

（2）负责变电站二次设备的监控信息技术管理。

（3）参与涉及变电站设备监控信息的设计审查、设备选型和出厂验收。

（4）负责变电站设备监控信息表的审批和发布，负责组织开展变电站设备监控信息接入及联调验收。

（5）负责变电站集中监控许可管理，对变电站设备监控信息进行现场评估。

（6）实时监视和处置变电站设备监控信息，组织开展监控运行分析。

（7）组织开展变电站设备监控信息考核评价。

查：《国家电网公司变电站设备监控信息管理规定》（国网（调/4）806—2016）的贯彻和执行情况，变电站设备监控信息管理是否按规定规范开展，各项记录是否齐全。

218. 设备集中监视全面监视内容包括哪些？

答：《国家电网公司调控机构设备集中监视管理规定》

（国网（调/4）222—2014）规定，设备集中监视全面监视内容包括：

（1）检查监控系统遥信、遥测数据是否刷新。

（2）检查变电站一、二次设备，站用电等设备运行工况。

（3）核对监控系统检修置牌情况。

（4）核对监控系统信息封锁情况。

（5）检查输变电设备状态在线监测系统和监控辅助系统（视频监控等）运行情况。

（6）检查变电站监控系统远程浏览功能情况。

（7）检查监控系统GPS时钟运行情况。

（8）核对未复归、未确认监控信号及其他异常信号。

查：监控运行日志，全面监视记录是否齐全；抽查调度控制系统中有无监视不到位情况存在。

219. 什么情况下监控人员应对变电站相关区域或设备开展特殊监视？

答：《国家电网公司调控机构设备集中监视管理规定》（国网（调/4）222—2014）规定，下列情况下监控人员应开展特殊监视：

（1）设备有严重或危急缺陷，需加强监视时。

（2）新设备试运行期间。

（3）设备重载或接近稳定限额运行时。

（4）遇特殊恶劣天气时。

（5）重点时期及有重要保电任务时。

（6）电网处于特殊运行方式时。

（7）其他有特殊监视要求时。

查： 根据天气、电网及设备运行情况等检查监控员是否按要求开展特殊监视工作，监控运行日志是否有相关记录。

220. 设备监控业务评价包括哪些？

答： 依据《调控机构设备监控业务评价管理规定（试行）》（调监〔2012〕306号），监控业务评价包括监控能效评价和监控运行评价，以监控业务指标体系为评价依据。

监控能效评价以提高设备集中监控规模为导向，反映调控中心设备集中监控装备水平和技术支撑手段建设成效。监控运行评价以提高设备监控运行水平和设备运维管理水平为导向，反映监控信息的规范性和正确性、设备缺陷情况和监控运行工作量。

查： 是否建立监控业务评价指标体系，是否按规定及时、正确统计监控业务评价指标。

221. 调控机构设备监控安全风险辨识主要包括哪些内容？

答： 依据《调控机构设备监控安全风险辨识防范手册》（调监〔2013〕216号），调控机构设备监控安全风险辨识主要内容包括综合安全、监控运行、设备监控管理、技术支持系统等方面。其中综合安全主要围绕安全管理体系建设、流程管控、制度建立等方面开展辨识防范；监控运行主要围绕值班人员安排、交接班、实时监视、设备巡视、远方操作以及事故与异常处置等方面开展辨识防范；设备监控管理主要围绕监控信息管理、信息联调验收、集中监控许可、监控运行分析等方面开展辨识防范；技术支持系统主要围绕各项技术支持系统如监控系统、调度生产管理系统、输变电设备状态在线监测系统等方面开展辨识防范。

查：查看调控机构是否定期按要求开展设备监控安全风险辨识，检查相关自查报告及整改记录。

222. 调度集中监控告警信息相关缺陷分类标准和分类原则是什么？

答：《调度集中监控告警信息相关缺陷分类标准（试行）》（调监〔2013〕300号）将监控告警信息的紧急程度以缺陷分类的形式予以明确，集中监控告警信息相关缺陷的标准分类为危急缺陷、严重缺陷、一般缺陷三种。

（1）危急缺陷是指监控信息反映出会威胁安全运行并需立即处理的缺陷，否则，随时可能造成设备损坏、人身伤亡、大面积停电、火灾等事故。

（2）严重缺陷是指监控信息反映出对人身或设备有重要威胁，暂时尚能坚持运行但需尽快处理的缺陷。

（3）一般缺陷是指危急、严重缺陷以外的缺陷，指性质一般，程度较轻，对安全运行影响不大的缺陷。

查：调度集中监控告警信息相关缺陷分类原则是否清楚，是否按规定进行缺陷分类定性并填报缺陷。

223. 电网调度控制系统遥控操作安全应满足什么要求？

答：《调度控制远方操作自动化技术规范》（调自〔2014〕81号）规定，电网调度控制系统对遥控操作的安全要求为：

（1）应具备遥控操作监护功能，实现双人双机监护，并具备单机单人遥控操作闭锁功能，紧急情况下支持具备权限的人员解锁后实现单人操作功能。

（2）应支持操作监护过程中站名、间隔名和设备名等多重确认，应支持设备编号人工输入。

（3）应支持设备"禁止遥控"挂牌注释功能，闭锁不满足遥控条件设备的遥控功能。

（4）宜具备遥控设备选择的遥控操作票校验功能，可通过遥控操作票与遥控设备的自动定位关联，实现对遥控人工选择设备的校验。

（5）应具有开关远方遥控闭锁功能。当未进行遥控操作时，除允许自动控制的无功调节设备外，调控主站监控系统中所有设备的遥控功能均应闭锁；应支持遥控操作闭锁原因的告警和记录功能。

（6）遥控操作时，应进行遥控防误校核，仅当通过遥控防误校核时才短时解除受控设备的遥控闭锁，操作结束后自动闭锁遥控功能。

（7）应具备遥控操作记录保存及定期审计功能，操作记录应包括操作员、监护员姓名，操作对象、操作内容、操作时间、操作结果等。

查：所应用的调度控制系统对遥控操作安全方面是否满足相关要求。

224. 什么是负荷批量控制功能？负荷批量控制序位表编制依据是什么？

答：《智能电网调度控制系统负荷批量控制功能规范》（调监〔2016〕19号）中定义，负荷批量控制是在智能电网调度控制系统中预先设定与限电负荷相关的多个断路器，在事故异常等情况下批量执行拉路限电，达到快速控制负荷限额目标的功能。

负荷批量控制序位表是依据报地方政府相关部门批准的事故限电序位表和保障电力系统安全的（超供电能力）限电序位表，维护在负荷批量控制功能中的一组或几组断路器序列，作为程序拉闸选线的依据。

查：智能电网调度控制系统是否具备负荷批量控制功能，序位表是否按要求编制。

225. 输变电设备在线监测运行分析评价范围包括哪些内容？

答：《调控机构输变电设备在线监测运行分析评价细则》（调监〔2016〕82号）规定，输变电设备在线监测运行分析评价范围包括纳入调控机构集中监控范围的输变电设备在线监测装置、智能电网调度控制系统输变电设备在线监测功能主站、通信通道，以上三部分组成调控机构输变电设备在线监测系统，其中监测装置包括但不限于油中溶解气体监测、电容设备绝缘监测、金属氧化物避雷器监测、微气象监测、杆塔倾斜监测、电缆护层监测。

查：检查智能电网调度控制系统输变电设备在线监测系统运行评价指标、运行情况及相关记录。